弁護士　馬奈木昭雄

私たちは絶対に負けない なぜなら、勝つまでたたかい続けるから

松橋隆司――編著

合同出版

この本をたたかいなかばにして倒れられた城利彦さん、日高昭子さんをはじめ、
さらにいまもたたかいを続けておられるみなさまにささげます。

——馬奈木昭雄

はしがき

馬奈木《まなぎ》昭雄《あきお》弁護士は２０１２年３月古希を迎えた。弁護士歴は45年に及ぶ。１９６９年、27歳の年に弁護士登録をすませ、翌年水俣市に移住して水俣病裁判に飛び込んだ。全国公害弁護団連絡会議の初代事務局長として、４大公害裁判などに先駆的な役割を果たしてきた豊田誠さん（自由法曹団元団長）は、馬奈木さんについてこう回想している。

「裸一貫、被害者たちの苦悩の中に飛びこんだのだ。弁護士として、少しは楽に生活をしたいという物欲を捨てて、そして、あらゆる野心をかなぐり捨てて、人間としての活路を患者たちの苦しむ水俣の中に見い出そうとしたものであろう。なんと志の高いことなのであろうか」（『勝つまでたたかう』古希記念出版編集委員会編）。

そのとおり、水俣病に苦しむ患者をひとり残らず救済するために、半世紀近くもたたかい続けてきた。その高い志は、その後のいくつもの裁判の中にも脈々と生き続けている。その生きざまは、多くの弁護士など法曹関係者に影響を与えている。水俣病をはじめ、予防接種禍訴訟、じん肺訴訟、「よみがえれ！　有明」訴訟、産業廃棄物処分場訴訟などの弁護団のリーダーとしてたくさんの被害者を励まし、明快で魅力的な弁論が裁判官を動かし、多くの人に感動と勇気を与えてきた。

私と馬奈木さんの出会いは、２００２年「よみがえれ！　有明」訴訟の裁判がはじまってからである。この裁判は、２５００億円の巨費をつぎ込み、「無駄で有害な公共事業の典型」といわれる国営諫早湾干拓事業の中止を正面から問うている。

私が取材をはじめたのは、２０００年～01年にかけてのことだ。冬のノリの収穫時期に、赤潮プランクトンが長期間、有明海全体を覆うというかつてない事態が起きていた。養殖ノリは、壊滅的な打撃を受けた。漁民１０００人、２００隻の漁船が潮受け堤防前面に集結、「工事を中止せよ」と海上デモをくり広げた。有明海では「有明海異変」と呼ばれる環境異変が続発。過去に例のないことがつぎつぎ起きていた。「これは生やさしい異変ではないな」と感じ、私は取材をはじめた。

２００２年11月の提訴以来、弁護団・原告団との付き合いもはじまった。馬奈木さんにも折にふれて、裁判闘争の現状や見通しを教えていただいた。私の著書『宝の海を取り戻せ——諫早湾干拓と有明海の未来』（新日本出版、２００８年）にも、弁護団長としてのインタビューが収録されている。いま読み返しても馬奈木さんの気迫が伝わってくる。常時開門を求めた佐賀地裁の判決（２００８年６月）の４カ月前のインタビューであった。

この裁判について、馬奈木さんは、農水省の、有害で、見せかけだけの「公共性」に対し、有明海、有明地域の自然環境と生活を守り再生しようとする「真の公共性」との対決だと指摘している。裁判所が「私たちの願いを否定し、農水省の違法な行為を追認し、許す判決を下すなら、被害はますます拡大深刻化し、紛争はさらに拡大していくことは自明です。被害発生が続く限り、紛争はやむことはないのです。それは水俣病50年の歴史が示すところ」だとむすんでいる。佐賀地裁は4カ月後、5年間の常時開門を命じる原告完全勝訴の歴史的判決を出した。

国は控訴し、福岡高裁は2010年12月、佐賀地裁の判決を支持、開門準備に3年間の期限をつけた。国は上告せず、判決は確定、国は開門の義務を負うことになった。

しかし、長崎県知事や県議会議員らが開門反対を主張し、国は反対があることを口実に開門の準備を怠ってきた。開門反対派が提訴した開門差し止め仮処分訴訟で、長崎地裁は2013年11月、開門準備が進んでいないことや、国が漁業被害も認めないことを理由に、開門を認めなかった。国は、相反する2つの決定の板挟みにあって困っているように振る舞い、12月20日の開門期限が過ぎても開門しなかった。確定判決に従わないという憲政史上異例の態度をとり続ける国に対して、弁護団は、12月24日、確定判決を履行するまでのあいだ、制裁金を課す「間接強制」を佐賀地裁に申し立てた。

佐賀地裁は2014年4月11日、間接強制を認め、開門するまでのあいだ、原告49人の漁民に1日49万円の制裁金の支払いを命じ、2カ月を猶予期間とした。国は決定を不服として抗告したが、福岡高裁は6月6日抗告を棄却、地裁の決定を支持した。猶予期間が過ぎた6月12日から制裁金の支払いが確定した。国が間接強制による制裁金を払うのは前代未聞のことだ。国が確定判決に従わないために、制裁金、月約500万円、年間約1億8000万円に上る金額を税金から支払い続けることになる。これはきわめて異例、異常な事態である。

現地は開門をめぐって、激しく事態が動く。そのたびに、馬奈木さんは、メディアから追いかけられコメントを求められる。時の人である。

ふだんは優しい好々爺といった馬奈木さんの風貌だが、国や加害企業との交渉で、被害者を軽んじるような発言があれば、烈火のごとく追及する。そういった人柄やその弁論に「かっこいい」とあこがれて弁護士になった女性もいる。法律事務所の女性スタッフも「馬奈木先生はまだ若くてチャーミングだと思っている。水俣病第1次訴訟の弁護団で馬奈木さんと活動を共にした、イタイイタイ病常任弁護士の山下潔さん（本書52ページ参照）は、馬奈木さんのことを「優しい人柄で、『すべての人の話を教師とする』という度量の広い弁護士」と評し、「馬奈木弁護士がおられなかったら、熊本水俣病裁判はどれだけ困難に直面したか計り知れないだろう」と振り返っている（前出『勝つまでたたかう』）。

本書は、「被害者が無くなるまでたたかい続ける」という馬奈木さんの生きざま、加害企業やその背後の国とたたかって勝つためには何が必要か、そのための弁護団や原告団の活動のあり方、弁護士のプロとしての仕事の流儀を紹介している。そこには、「目からうろこ」の驚きや感銘、感動があるであろう。

松橋隆司

もくじ

はしがき

第1章　人間を守れば環境は守られる

「環境派」と「公害派」の違い　14
ムツゴロウの運命はかば焼き？　15
ムツゴロウが先か、人間が先か　17
漁民がいまや絶滅危惧種に……　18
公害派は無条件に環境派　20

第2章　国の基準値は安全性を担保しない

「安定」とは名ばかりの「安定型処分場」　24
明らかになった福岡県の作為　27
自治体はだれのものか　29
「管理型処分場」の危険性　31
水俣病のいちばん貴重な教訓　33
基準値は安全値ではない　34

第3章　化学物質の安全神話を突き崩す

規制がなかったダイオキシンやPCB　38
濃縮される毒物の怖さ　39
人がつくり出した毒は脳へ、胎児へ　40
1兆分の1の量が問題に　41
「誇張している」と直ちに反論が……　43
「つくらせない」は極論ではない　46

第4章　勝つ方法を考えるのが弁護士の仕事

弁護士1年生のときは　50
つるはしをふるい、法廷で歌も　52
頭と口ではなく足を使う　54
みんなでやれば笑顔になる　55
謝らない加害企業　56
「勝つ」とはどういうことか　58
法律家は歴史を学べ　61
歴史上ありえない話を認定　63
江戸時代からの墓地の所有権　65
環境訴訟と入会権、漁業権、水利権　67

第5章　加害者が被害者を選別する理不尽

官僚の考え違いをただす　70
「謝る」とはどういうことか　73
反省のない「補償金」　75

第6章　力ある正義を裁判で勝ち取るために

負けるはずのない裁判での予想外の判決　78
広く人びとに訴え、国民世論を力に　80
最高裁判決を生かすたたかい　81

第7章　水俣病裁判「無法者の論理」を許さず

なぜ水俣病は終わらないのか　84
本当の「謝る」とは　85
被害者がいる限り、たたかいはやまず　87
社会制度を知らない判決　92
最高裁判決も貧相な判断だ　94
「汚悪水論」を確立して　95
加藤邦興先生の見事な解明　99
矛を収められない理由　101
司法と行政の判断は別と言い放った国　103

「行政の根幹」か「国民主権の根幹」か　106
認定基準を変えれば患者は救済されるか？　107
譲ってはならない一線　109
沿岸住民20万人が被害者　110
国と加害企業チッソの深い関係　112
水俣病を引き起こしたのは技術か　114

第8章　有明訴訟「居直り強盗の論理」に怒る

工事差し止めを求めて訴えを起こす　118
何が何でも国を勝たせる裁判官　120
裁判官の判断の根拠　122
負けたら、原告をどんどん増やす　124

第9章　国を断罪した制裁金支払い決定

うれしいあたりまえの決定　128
開門する気のない国を断罪　129
2つの決定の板挟み論を粉砕　132
国の抗告は恥の上塗り　134
漁業・農業両方の被害を防ぐために　135

第10章　強大な相手とたたかって勝つ方法

弁護士だけでは解決できない　140
「一人の原告・一人の弁護士」はナンセンス　141
「勝つ」ための強力な原告団　143
力対力の激突で動いた和解協議　145
国・加害企業は何をしてきたか　148
たたかいをやめれば、その時点で負け　150

第11章　秘策は国民と共に裁判をたたかうこと

勝っても負けても、方針どおり実行していく　154
原告になってもらうために一人ひとり説得　155
たたかう資金をどう集めるか　157
100円会員を2000人組織した　159
地域のたたかいを全国のたたかいに　160
この道はいつかきた道――馬奈木昭雄　162

あとがきにかえて　168

関連年表　170

■九州地方地図（●印は本書に出てくる地名）

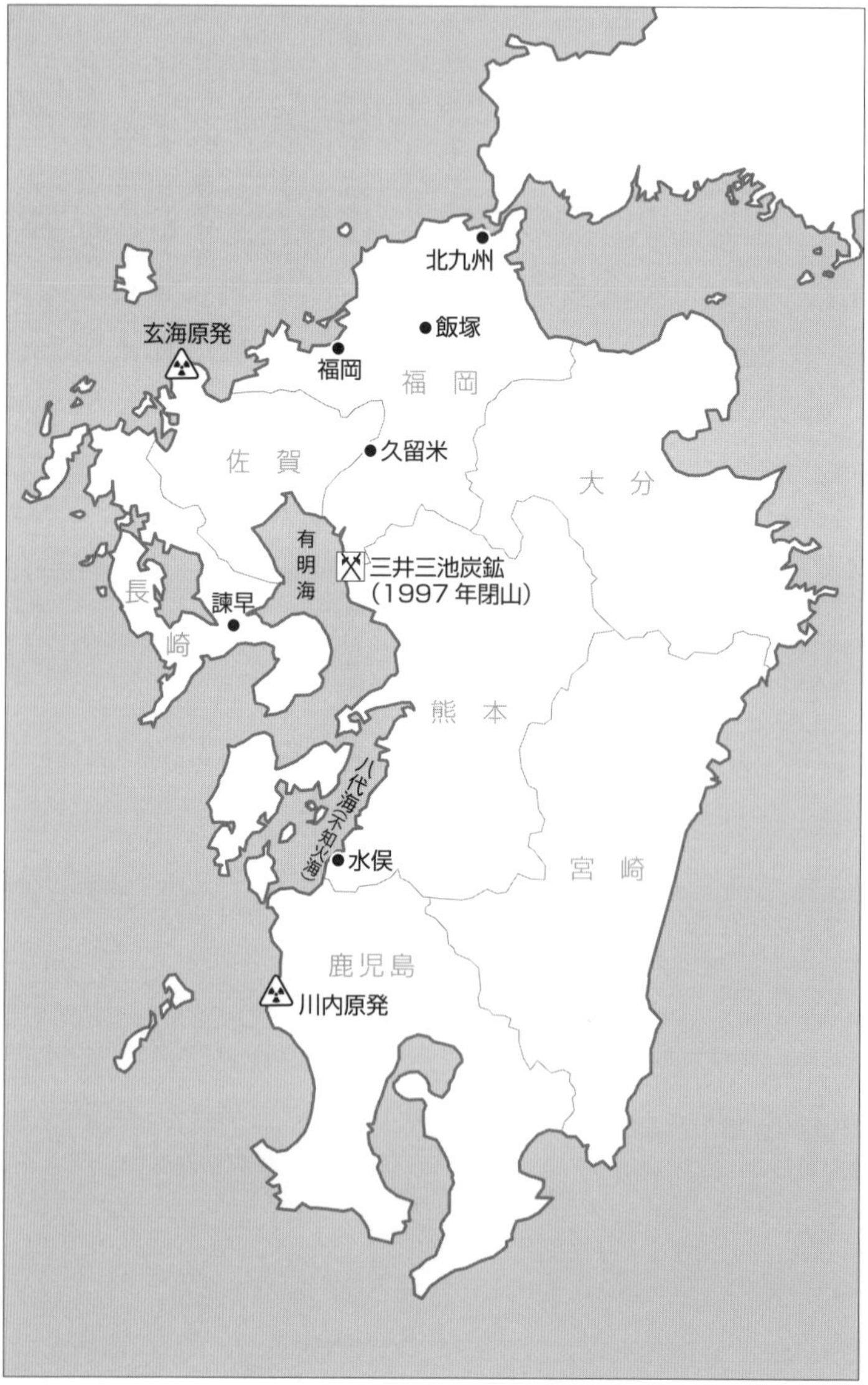

第1章 人間を守れば環境は守られる

馬奈木弁護士は、公害問題にとりくんでいる弁護士たちの合宿に参加したことがある。泊まり込みのフリートーキングの場で、「あなたたち公害派は」という言葉が、「環境派」を自認する弁護士から馬奈木弁護士らに向けられた。その場で、「環境派」と「公害派」の違いについて夜を徹した議論になったという。

「環境派」と「公害派」は、どう違うのか？　議論の結果、事件へのスタンスの違い、勝ち取るべき目標、ひいては弁護士としての生き方の違いだとわかった。

「環境派」と「公害派」の違い

一つの問題として、「環境派」という言葉に対立する用語があるのか、ということです。私は、正直あると思っていませんでした。そもそも「環境派」という言葉があることすら知りませんでした。

フリートーキングの合宿の中で「あなたたち公害派は」という言葉が私たちに向けられたとき、私は思わずのけぞりました。私が「あなたたちは公害派じゃないの？」って言ったら、「違いますよ。私たちは『環境派』です」と胸を張って言われました。

ちょうどその場にいた、イタイイタイ病[*1]の裁判[*2]で勝訴判決を勝ち取った近藤忠孝弁護士[*3]が、びっくり仰天されて、「だって、私たち公害をたたかってきた人間は、当然環境問題をやっているつもりなんだけど……」と、おっしゃいました。それから一晩かけて「環境派」と「公害派」は違うのか、という議論になりました。議論の結果、この両派は違う、ということを確認しました。

何が違うか。それは、弁護士の仕事の仕方の問題なのです。「環境派」といわれる人たちがたとえば、私がいま、たずさわっている「よみがえれ！有明」訴訟[*4]を担当

＊1　イタイイタイ病
富山県の神通川流域で１９１０年代から発生したカドミウムが原因の公害病。骨が折れやすくなり、患者は「痛い痛い」ともだえるためその名がついた。厚生省（現・厚生労働省）は１９６８年、神通川上流の三井金属神岡鉱業所によるものだと認定、公害病の第1号になった。

＊2　イタイイタイ病裁判
被害者は１９６８年3月、賠償を求めて提訴、４大公害裁判では71年、最初の原告勝訴に。控訴審でも勝訴、判決が確定し、和解した。三井金属は総額23億円の賠償金の支払い、協定による汚染土壌の復元事業（２０１２年完成）などに加え、これまで対象外だった腎臓障害の患者にも60万円の一時金を支払うことになり、２０１３年12月全面解決した。これにより被害者団体は、三井金属側の謝罪を正式に認めた。

したらどうなるでしょうか。「ムツゴロウ裁判」となるわけです。そして、スローガンは「ムツゴロウを守れ」。

公害派といわれる私たちが訴訟で掲げたのは、「よみがえれ！　有明」であって、「よみがえれ！　有明海」ではありません。

当初の弁護団の文書には、「海」が入っていました。私は「それは、違うだろう」と言いました。つまり有明の「地域」の再生、地域をよみがえらすたたかいなのだと。「海」を再生するたたかいではない。弁護団会議で「有明」と決めたはずだと言いました。弁護団の大勢は、「海」をよみがえらせるたたかいだと理解していたわけです。

有明海はもちろんよみがえってもらわないと困る。逆に言うと、有明海だけがよみがえることは、ありえないと思っています。地域としての有明、有明海沿岸4県の地域全体がよみがえることによって、はじめて有明海もよみがえるのだと考えています。

ムツゴロウの運命はかば焼き？

私は、ムツゴロウを守るつもりは毛頭ありません。というと語弊がありますが、ム

＊3　近藤忠孝（こんどう・ただたか／ちゅうこう）
１９３２〜２０１３年。１９６８年、イタイイタイ病裁判副団長（その後団長）。富山現地に移住して裁判をたたかった。公害弁連初代幹事長として、公害裁判に貢献。74年から連続3期15年参院議員（日本共産党）。

＊4「よみがえれ！有明」訴訟
諫早湾干拓事業以降、赤潮が増大するなど漁業被害が深刻化したとして、地元漁業者が２００２年、工事差し止めの仮処分と開門を求めて佐賀地裁に起こした裁判（１１８ページ参照）。

ツゴロウは結果として守られるものです。守ることについては、何の異存もありません。だけどあくまで、「結果」として守られるものです。

ムツゴロウを食べるのが間違いだなんて言われたら、「ご冗談を」と言いますよね。たとえば、『週刊新潮』（新潮社）が、ムツゴロウ裁判がはじまったときに、「ムツゴロウの嘆きの声」という見出しをつけて、「俺は生きのびてかば焼きになって死にたかったんだ。こんなところで野垂れ死にしたくなかったんだ」という、裁判を揶揄《やゆ》する記事を書きました。毒のある表現ですが、ある意味で非常に正しい指摘だと私は思っています。ムツゴロウは最後にはかば焼きになって死ぬ運命ですよ。それなのに「ムツゴロウを守れ」と言われたらどう理解すればよいのでしょう。

調べてみたら、ムツゴロウを食べることは環境保護上で意味があることがわかります。有明海は閉鎖的な水系で、富栄養化された海にもかかわらず赤潮が発生しない珍しい海でした。私どもは「奇跡の海」といっています。「奇跡の海」を支えてきたのが、6メートルもある潮の干満差です。干満の差で、海水がかき回され、酸素が十分供給されることや、富栄養化されたものを取り込んだノリやムツゴロウなどの魚介類を漁師さんや海鳥がせっせと水系の外へ持ち出しているわけです。そんなふうにきれいに循環するようにできている、生態系というのはそういうものです。

ムツゴロウを食べることは生態系を守る、ムツゴロウを守るということになりま

「奇跡の海」と呼ばれていたかつての諫早湾（1988年　撮影：井口次夫『井口次夫写真集　諫早湾干拓地と消えた干潟』より）

す。つまり、過剰になった物質を、生態系の循環を断ち切らないように、水系外に持ち出さなければなりません。ですから「ムツゴロウを守れ」といっても一直線にはいかない課題なのです。

ムツゴロウが先か、人間が先か

私たちは、人間を中心に物事を考えます。だから有明海の問題も何をいちばんに考えるかというと、「人間の生存が危ない」ということです。ムツゴロウの生存が危ないからではありません。貝が死に、底生の動物が死に、ノリが細菌にやられて腐ってしまう。そういう水系で育った生物を食べている人間が何の害も受けずに健康でおれるはずがない。あたりまえの話です。

私はその魚を食べている一員だし、有明地域に住む一員として、自分を守るためにこのたたかいをやっています。本気で自分を守る、仲間を守る。もちろんわが子も、孫も守る。そのためにたたかうのです。自然の生態系と離れて人間だけが無害で生きていけるなんて思うのは間違いです。だからムツゴロウを守る前にまずわが身を守る、わが身を守った「結果」としてムツゴロウも守られる。というのが私たちのものの考え方です。

絶滅危惧種のムツゴロウ。干潟の中の求愛のジャンプ（写真提供：佐賀県観光連盟）

しかし、環境派の人たちは、私たちの意見に対して「それは人間の思い上がりである」と言います。生物それぞれに独自の権利がある。ムツゴロウにはムツゴロウとして生きる権利があると。これが、「環境派」のものの考え方で、私と異なるところです。

私はこういうたとえ話をあちこちでしているのです。

「橋のたもとに子猫と赤ちゃんが捨ててあったとします。『公害派』は無条件で、赤ちゃんを助ける。子猫はまあ、助ける人もいるけど助けない人もいるかもしれません。『環境派』の人たちは、子猫を助ける。赤ちゃんは助けない」と。

そういって回っていたら、「それは違うんじゃないですか」という声が上がりました。「環境派」が赤ちゃんを助けないとは言ってないと。しかし、人間の生存が危うくなっているときに、人間を救う裁判でなくて「魚を救う裁判だ」といってはじめるのは結局、子猫は助けるけど赤ちゃんは助けないのと同じじゃないか、というのが私の意見です。

漁民がいまや絶滅危惧種に……

いや、やっぱり魚には魚の権利があるのだ、木には木の権利があるのだ、いままで何千年も生き延びてきた木が人間の勝手な行為によって切り倒された、そのこと自体許してはならないんだと主張する「高尾山天狗裁判*5」は、古木も原告になっています。

私はその考え方を否定する気持ちは毛頭ありません。でも、その前に住んでいる人間の権利をまず守ろうよ。そう思うのです。つまり、木だけが人間の生活と離れて存在するなんていうことはあり得ないです。人間を守れば、木は守られるのです。逆に木を守ったって人間を守れないことはあり得ます。そこが「公害派」と「環境派」の大きな違いだと思っています。

確かに有明海には、ムツゴロウをはじめ、ワラスボやエツ、アゲマキなど絶滅危惧種でレッドカードの生物が20種を超えるほどたくさんいます。でも、有明漁民がどれだけ悲惨な状況におちいっているか、考えてください。

魚介類の極端な減少による沿岸漁業の衰退、借金を苦にした漁民の自殺や転業・転出が相次ぎ、漁協の存続さえ困難になっています。いまや「絶滅危惧種」と赤い字で大きく書かなきゃいけないのは、漁民の方なのです。漁民がいまや絶滅危惧種になりつつあります。このまま放っておけば、漁民はいなくなります。そういう状況で「ムツゴロウを守れ」と掲げるのは、正しいスローガンなのでしょうか。

その一方で「漁民を救おう」というスローガンを掲げる考え方があります。私はそれにも反対です。私は漁民を救う裁判をしているつもりは毛頭ありません。私の考え

＊5　高尾山天狗裁判
高尾山をトンネルで貫通する首都圏中央連絡道路（圏央道）の建設差し止めを求め、2000年10月に起こした裁判。地元の住民など1322人や、自然保護7団体のほかに、高尾山、八王子城、オオタカ、ブナ、ムササビも原告になった。都下ではじめての「自然の権利訴訟」で、大きな注目をあびたが、原告の適格がないとして地裁、高裁とも短期間で訴えを却下した。ついで02年、立木トラスト地の強制収容を止めるための事業認定の取り消し請求行政訴訟、2006年のトラスト地の取り上げに対する事業認定の取り消し行政訴訟がたたかわれた。敗訴したとはいえ、多彩な運動の広がりや国の費用分析のごまかしの解明など今後のたたかいに展望を与えた。この3つの裁判を総称して「高尾山天狗裁判」と呼んでいる。

方では、漁民も「結果」として救われるのです。私は私自身を救う、私自身を守る、地域の住民がみんなで自分を守るたたかいをしようと。これが私の提案している訴訟です。

私たちは、実務家だから、裁判に勝たないと意味がないと思っています。心ならずも裁判に負けることはありますが、それはあくまで「心ならずも」であって、負ける前提ではじめた裁判は一つもありません。本気で勝つつもりでやっています。「環境派」の人たちがやっているような「ムツゴロウの権利を守れ」とか、「アマミノクロウサギを守れ」という請求の趣旨を掲げれば、そもそも裁判に勝てるわけがありません。

公害派は無条件に環境派

「環境派」の人たちは、その点非常に明快です。「そのとおり勝つわけがないです。100年後に勝てりゃいい」と言います。アメリカでは、希少種の魚を守るためにダム建設を止めることができる権利が確立するまでに100年かかりました[*6]。日本でも100年かかって結構ですと「環境派」の先生方はおっしゃいます。

私としては、それは趣味の訴訟としておやりになるのはいいけれども、限られた人

＊6　米国・テリコダムの建設中断

米国テネシー州のリトル・テネシー・リバーで調査中の生物学者が1973年に希少種の魚（スネール・ダーター）の生息を確認したが、当時テネシー渓谷開発公社が建設中のテリコダムが完成すれば、絶滅すると考えられた。このため、絶滅危惧種保存法にもとづき、ダムの建設中止を求める訴訟が起こされ、原告勝訴となり、80％まで完成していた大型ダムの建設が中断された（その後ダムは完成したとされる）。

生の時間の中で、切実な課題を抱えた人間被害の課題の方を優先して、一緒にやってくれませんか、と思うのです。

際立つようにわかりやすく言いましたが、そう言いながらも私は、確かに魚の権利が認められる時代がいつか来るであろう、と信じています。

考えてみれば、法律家として「奴隷の権利」を最初に言い出した方というのはすごいと思います。たとえば、スパルタクスの反乱*7のように、被害者としての奴隷が、自分の生存をかけて反乱を起こすのはある意味ではあたりまえのことです。だけどそれを、「法的権利として確立すべきだ」ということを言い出すというのは、画期的なことだと思うのです。本当に素晴らしい方だったのだろう、と。

おそらく「奴隷の権利」と言い出した人は「そんな馬鹿げたことはない」と、まわりから笑われたはずです。世界中を見ると、いまでもまだ奴隷制が実質的に生きている国はたくさんあります。日本だって奴隷制はなくても、奴隷状態があるかもしれません。アメリカだって元奴隷だったアフリカ系アメリカ人たちの権利が、現在、本当に確立したといえるかは怪しいものです。

しかし、そうはいっても、アメリカでは、「奴隷の権利」が認められ「奴隷制社会」は、少なくとも建前としてはなくなりました。これには100年かかりました。だから多分100年くらいか、もっと近い将来に「生物の権利」が確立することが多分あ

*7 スパルタクスの反乱
紀元前73年、ローマ帝国の奴隷剣士スパルタカスの指導による奴隷の反乱。一時は9万ともいわれる奴隷軍がイタリア半島を席巻するほどだったが、ローマ軍に破られる。

るだろうと、私も思います。

ただ、くり返しますが、その前に死んでいく人間の方をどうかしたいと思うのです。

話をもとに戻すと、「環境派」と自認される人たちからすると、私は、「環境派」ではありません。「公害派」だそうです。しかし私たち「公害派」といわれる人間は、みんな全員、自分のことを無条件で「環境派」だと思っております。私たちは、本当の意味で環境を守るために実戦で勝てるようがんばっているし、実際にも勝ってきたわけです。

もちろん、「よみがえれ！　有明」訴訟には、「環境派」の弁護士たちにも多数参加してもらっており、共同したとりくみが行なわれています。

第2章 国の基準値は安全性を担保しない

水俣病でもカネミ油症でも、産廃処分場問題や携帯電話の基地局問題でも、企業や自治体、国は口をそろえて「国の基準以内だから安全だ」「危ないというのは大げさだ。実際に被害が出ていないではないか」と言い募った。

馬奈木弁護士は、産廃処分場建設反対の裁判では、処理場の現地調査、排水の水質分析を行ない、実態を突きつけて自治体や国の主張を見事にひっくり返した。国が決める「安全基準値」とは何か。自治体の「中立論」を批判する。

「安定」とは名ばかりの「安定型処分場」

ゴミの最終処分場には、安定型と管理型、遮断型の3つの型があります。安定型というのは、安定して変化しない廃プラスチックなどの5品目[*1]を対象とした処分場のことです。要するにこの5品目なら山の斜面を素掘りにして、そこにぼんぼん放り込んでよろしいということになっています。

安定していて化学的な変化をしないから何もしないでもいい。雨水や浸出水などの水に触れても変化しないから大丈夫。ですから安定型の処分場は、何も対策を取らなくてもよろしいというわけです。ゴミが流れ出さないようにしっかり止めておきさえすれば、排水もどんどん出してよい、ということで全国各地に安定型処分場がいっせいにできます。[*2]山の谷間にどんどんゴミが捨てられました。

しかし、谷間というのは、水源地で、水が生まれて流れ出るところです。そこにぼんぼんゴミを捨てたわけです。そうしたら何も変化しないはずの5品目から、流れ出る水が真っ黒だったり、真っ白だったり、あるいは泡立っている、ということが全国で起きました。

私が関与した福岡地裁飯塚支部の裁判で、福岡県筑穂町（現・飯塚市）の処分場の

＊1　安定型最終処分場の5品目
　廃プラスチック、がれき類、ガラスや陶器のくず、ゴムくず。

＊2　安定型最終処分場の問題点
　5品目の中には、酸性雨などで化学変化を起こし、有害物質が溶出したり、5品目以外の廃棄物が混入するのを避けられず、汚染物質が流出し、深刻な被害をもたらすようになった。全国的な問題になった当時の1996年度末には安定型処分場業1173施設で前年度から85施設も増加する状況だった。
　日本弁護士連合会（日弁連）は1997年、安定型処分場の廃止と、新規に許可しないよう求める緊急意見書を提出した。その後、法改正や、省令改正が行なわれたが、有害物質の流出・拡散の危険性は何ら解決されていないとして、日弁連は2007年10月、再度、同様の意見書を提出。当時新規許可件数は毎年十数件から20件に及んでいることを挙げ、新規に許可しないよう強く求めている。

操業差し止めが認められました。２００４年９月のことです。操業中のゴミを捨てている処分場に、これ以上ゴミを捨ててはならないという決定を出しました。

そこの処分場は安定型ですが、すごいことになっていました。処分場からどんどん煙が上がっているのです。

この処分場の監督は福岡県ですので、私たちは県の担当者に、取り締まるべきだと抗議に行きました。そうしましたら、担当者はのんきというか、きもが太いと私は言うのですが、「あれは、地熱が上がっているんです。出ているのは水蒸気でしょう」というわけです。

とんでもないことです。地熱が上がって水蒸気が出ている。これが本当だったとしても、水蒸気が出ているのは、地熱が上がるような発酵や化学反応を起こしている証拠ですから許されるはずのないものです。安定５品目しか捨ててはいけないはずだし、その５品目は、絶対に変化しないはずなのです。それが、化学変化を起こしている。お湯がわくほど地熱が上昇している。本来ならば、水蒸気だって出るわけがないのですから、福岡県の担当者は、すぐに取り締まるべきなのです。

私たちは「別のものが捨ててある証拠でしょう。５品目は変化しないんだから。変化するものが捨ててある。つまり法律違反の操業をしているということでしょうが」と担当者に詰め寄りました。するとこれまたびっくり仰天の答えが返ってきました。

煙を上げていた福岡県の安定型処分場（２００２年12月27日）

「いや、安定5品目というのは変化を起こすのです」と言うんです。それでは、いままで日本政府は法律上、嘘の説明をしてきたことになります。安定して変化しないから素掘りのまま何もしないで捨てていいと言ってきたのですから。しかし県の担当者は、変化するんですよと平然と言います。私は、とにかく変なものが捨ててあるのがはっきりしているのだから取り締まれ、と言いました。

県の担当者は知らん顔で、態度を変えようとしないので、環境省に行って、福岡県の担当者の対応を話しました。環境省は写真を見て絶句しましたよ。安定型の処分場に煙突がいっぱい立っているわけですから。そこから色のついた煙がもうもうと上がっている。ここは工場かと言いたいくらいの異様な状況です。

実際には、水蒸気だなんてとんでもない嘘っぱちで、それは有毒ガスです。硫化水素*3やその他の有害物質がいっぱい出ていることは、大気を測ったら一発でわかります*4。

実はこの話をテレビ局が取材して放映しました。県の「地熱が上がって水蒸気が出ているだけ」という説明が放送された瞬間、スタジオのコメンテーターから「温泉つくれ」とヤジが飛びました。

環境省は、県の担当者を呼んで、いったん操業停止にしました。ところが、しばらくすると改善したといって操業の再開を許したのです。私たちは、改善されたといっ

*3 硫化水素
福岡県筑紫野市の処分場で１９９９年10月、硫化水素ガスが原因とみられる作業員3人の死亡事故が発生している。滋賀県栗東町や宮城県村田町で2万ｐｐｍを超える硫化水素ガスが検出されている。ちなみに、７００ｐｐｍで即死、４００～７００ｐｐｍでも30分～１時間程度で死亡する。

*4 計測結果
ボーリング入孔部で測定した結果では硫化水素ガスは6・6～19・5ｐｐｍで、労働安全衛生法の硫化水素ガスの作業評価基準5ｐｐｍを超えていた。なお、ボーリング作業は硫化水素の臭いが強かったため、途中で中断した。

ても、相変わらず煙が出ているじゃないか。相変わらず水は真っ黒ではないか、と抗議しました。

このような経過を経て、4600人で、操業差し止めの裁判を起こしました。その結果、私たちの訴えを裁判所が認めたのです。

明らかになった福岡県の作為

この安定型処分場をめぐる裁判の中で、おもしろいことがいっぱい起きました。たとえばゴミに触れた浸出水を業者が検査するときれい（国の排水基準に違反していない水）なんです。県が検査してもきれいという結果が出た。ところが私たちが、浸出水が場外に出るところで測ると汚いのです。この河川水を飲み水として利用している飯塚市の水道局も中に立ち入るわけにいかないので、場外に出た水を検査すると汚いという結果になった。

業者が検査してきれいという結果は、わからないではない。しかし、なんで県が検査してもきれいという結果になるのかわからなかった。裁判の中で、県の測ったデータが出てきましたので、私たちは、それを分析しました。

業者は、本来なら必要のないはずの排水の溜桝《ためます》をつくっていました。真っ黒い水が出るものだからさすがに垂れ流しはできないと、福岡県が指導して溜桝をつくって排水をいったんためることにしたのです。そこにたまった水を、これも新たにつくった浄化槽を通して外に排水する施設をつくりました。化学変化を起こさないというのですから何も対策を取らなくていいはずなのに、水をきれいにする装置をわざわざつくったわけです。

さて、県が分析したのは、この溜桝の水です。そして私たちが測定したのは、溜桝の水を浄化槽に通し、処分場の外に排出された水でした。県が測った溜桝の水がきれいで、私たちが場外で測った水が一番汚いというのはどういうことなのでしょうか。

県のデータには水温と採水した日の気温が書いてありました。それを見ると、気温と水温が極端に違うわけです。水温が無茶苦茶に低い。なんで水温が低いのか？　気温よりこんなに低いわけがないのです。ピンときました。排水を薄めているのです。

検査の試料を薄めるために、温度の低い水を放り込んだに違いない。だから水温が低くなっているのです。裁判所は、県のデータには作為があると、明確に認定しました。

県の指導が悪いのです。無差別にゴミを捨ててよいかのごとく指導していました。5％以内なら安定5品目以外のものが入っても仕方がないと県が指導するわけです。業者は多少なら他のものが入ってもいいのだと解釈します。しかし法律上、そんな解釈はできません。そういう指導を県がするから、業者が無差別に捨ててもいいのだと思ってしまう。

判決は「県はその都度その都度業者に対して改善策を指導したように見えるけど、そのようなことが起きないように抜本的な改善をさせることを考えているとは思えない。県に任せておいてはどうにもならないから、裁判所が操業を止めます」というものでした。

自治体はだれのものか

自治体はだれのものなのでしょうか。自治体の首長さんは、行政、とくに市町村の自治体というのは「中立なんです」とよく言われます。中立とは、もっとものように思えます。

水俣病裁判のときに国側についた医師も、「私たちは医者として中立です」とおっしゃいました。しかし、考えてみてください。お医者さんが、患者さんにつかず、企業にもつかない「中立」であるとしたら、これは「えーっ」という話だと思うんです。

お医者さんは、患者のためにいるわけです。お医者さんが患者の立場に立たないでどこに立場があるのだということです。だから中立はありえない。ですから、お医者さんが「私は中立です」といった瞬間、それは患者の側に立たないと宣言したとおなじことです。それは、すなわち企業の側に立つと宣言したことです。理屈上それしかありえないのです。

自治体も同じことです。自治体は何のために存在しているのか。地域住民の生活、健康を守るためにある。だから自治体の首長さんは住民の立場に立つ以外の立場はあり得ないはずです。ですから中立だと言った瞬間、自分は住民の立場には立たないということを公然と宣言した、はっきり言うと、業者の側に立つということを宣言したことにならざるを得ないのです。

中立といわれると、もっとものような気がしますが、中立ということはありえない。住民の立場に立つ以外に自治体の立場はないと、くり返しになりますが、強調しておきたいことです。

筑穂町の安定型処分場も、裁判所によって操業が止められたからといって決して安全ではないわけです。これまで法律に違反した危険な廃棄物を捨ててきたのですから。住民は、県に対して、業者に違法な廃棄物を撤去させるように求めましたが、県は拒否しました。そこで住民は、県に対し撤去を求める行政訴訟（義務付け訴訟）を起こしました。この裁判は一審では負けましたが、高裁で勝訴し、最高裁も高裁の判決を認めました。

その結果、県は現在、判決に従い、業者に違法な廃棄物を撤去するよう命じています。もし撤去することが不可能な場合は、県は住民の安全を守るため必要措置を取らなければならないのであり、私たちは、その具体的な実行を県にとりくませています。

「管理型処分場」の危険性

安定型の処分場というのは、化学変化を起こさない安定した廃棄物だから捨ててもよいということでしたが、安定というのは名ばかりだということがわかりました。では、管理型の処分場[*5]についてはどうでしょうか。

管理型はまず、危険な物質が捨てられることを前提にしています。そうすると、捨てられたゴミに触れた水は当然、危険物を含んだ水です。だからその水を処理して流さないといけないというのが、法律のルールです。処理して安全な水にして流しなさいということになります。そうすると、問題が2つ起きます。

1つ目の問題点は、処理していない水が漏れ出すことはないのかということです。処理をしない水は管理型処分場の外へ出してはいけないので、外へ水を漏れ出させないためにシートを敷きます。しかし、そのシートが簡単に破れることが問題になり

*5　**管理型の処分場**
低濃度の有害物質と生活環境の中から排出される汚濁物質を埋立て、安定化を図るとされる。埋め立て後に重金属や海洋などの富栄養化の原因になる成分、酸、アルカリを含んだ有害な浸出水が生じるため、ゴムシートによる対策や浸出水の処理施設などを設置し、水質検査やモニタリングによって管理することになっている。ゴムシートの対策は、福島第一原発の放射能汚染水が漏れて問題になった。

ました。

東京都・日の出町で問題になった一番古い、20年くらい前のシートは、鳥がつつくだけで破れる。鉛筆の芯でつついても破れる。そういう時代がありました。さすがに、そのときよりは強度が増しましたが、基本は薄いシートですから、やはり力が加われば破れます。

また、広い面積に1枚のシートを敷くわけにいきませんから、つなぎ合わせないといけません。すると、つなぎ目でシートは絶対に破れてしまうのです。

さらに、破れないようにするには、シートの下をきれいに平面にしなければなりません。これは国の規則でもそうなっています。たとえば、設置基準には風雨の対策が書いてありますが、シートの下の地面を平らにするときに風や雨が少しでも当たってはいけないというくらい厳しい基準になっている。ネズミやモグラなどの小動物がシートの下を通る、それくらいの凹凸でもいけないとされています。

私たちは、鹿児島県の鹿屋市や、福岡県の久留米市でも管理型処分場の危険性を厳しく指摘してきました。たしかに、いまは、シートの設置にもいろいろ手を加えており、久留米の処分場では、厚さ50センチのコンクリート板を下に敷いています。その上にシートを敷きます。最新型はそれくらい徹底してシートの下の部分を強化しています。だから破れないだろうと言っています。

しかし最近もシートの危険性を示す象徴的なことがありました。福島第一原発の放射能汚染水がシートから漏れていることがわかり、貯留タンクに移し替える深刻な事態になりました。

2つ目の問題点は、処理をして国が定めた一定の基準値に浄化したら流してよろしいというルールそのものです。

私は、こちらの問題点の方が重大だと思っています。まず一定の基準値以下に、本当に浄化できるのか。つぎに本当に浄化してきれいにしたとして、その水は安全なのかということです。きれいにという意味は、法律の基準以下という意味です。しかし、「きれい」になったとしても、それが安全だとは言えないところが大問題です。

水俣病のいちばん貴重な教訓

「国の基準を守っていても安全とは言えないんだ」と身をもって示したのが水俣病[*6]でした。それは、水俣病のいちばん貴重な教訓でもあります。

水俣病の原因になったチッソの排水は工場から出た地点での分析結果はきれいな水でした。工場排水として流してよいという排水基準は文句なしにクリアしていました。ですから排水を流しても何の問題もなかったのです。

＊6　水俣病
新日本窒素肥料（現・チッソ）の水俣工場から、不知火海（八代海）へ排出されたメチル水銀が魚介類に蓄積され、これらを日常的に食べていた人たちが発症した中毒性の中枢神経疾患。典型的な症状は、手足の感覚障害（しびれ）、言語障害、歩行障害、視野狭窄、手足の震え、難聴など。重症の場合は、狂騒状態や意識不明で死に至る。
1956年5月1日は、水俣病の公式発見の日。チッソの病院からこの日、『原因不明の中枢神経疾患』としてはじめて患者の発生が水俣保険所に報告された。
当初、原因不明であったため、患者は「奇病」「伝染病」と差別の対象になった。被害の大きさは計り知れず、世界最大の水銀公害といわれる。

もっとびっくりするのは、水道用水として使用してもよいという基準もクリアしていたということです。水俣病を引き起こしたチッソの排水は、当時の国の基準でいうと、水道用水として使ってもよいくらいの水なんです。

当時、水俣病の原因物質である有機水銀も、規制がなかったから、法律上は、野放しで排水してよかったということです。しかし、流してはいけない危険な水であることは当時もはっきりしていたのです。

基準値は安全値ではない

国の基準値を守っているから安全だなんていうことは言えないのです。

たとえば、私は、携帯電話の中継基地問題[＊7]の裁判も担当しています。たいていの人は、携帯電話なんて安全に決まっている、あんな弱い電波を浴びたって危ないわけがないと思っておられるんです。私も裁判の依頼を受けて勉強するまでは、そう思っていました。それが大問題だとわかりました。

裁判では、ドコモの証人として学者先生が出てきました。その時も、その先生は国の基準を守っているから安全ですと、法廷で堂々とおっしゃるわけです。私はその先生にお尋ねしました。「日本政府が決めた基準値があります。それ以下なら安全だと

＊7　携帯電話の中継基地問題
九州中継塔裁判・三潴訴訟（携帯電話基地局操業禁止等請求事件）。福岡・久留米市三潴町に建設された携帯電話の中継基地の移転を求めたが、２０１０年４月、最高裁で敗訴決定。

携帯電話の基地局などから放射されるパルス状の高周波・電磁場については、国内外からその危険性が指摘され、実際に、頭痛・疲労・集中力欠如・めまいなどの症状が電磁波障害のものとして報告されている。

福岡・久留米市三潴町の民家裏にある携帯電話の中継基地（２００２年５月31日　撮影：川勝聖一）

おっしゃるが、外国と比べたら日本は1000（μw／1平方センチメートル）。外国の一番厳しいところは、0・001（μw／1平方センチメートル）ですよ」と。

この厳しい規制をしている国の裁判所に行って、「日本の基準を守っているから安全だと証言したら物笑いの種になるのではないですか」と言いました。

水俣病の原因物質である有機水銀について言うと、国がまったく規制していなかったのは、危ないという学者の意見を知りながらも生産を続けさせる必要があったからです（99ページ参照）。死亡事故を起こし、ようやく規制することにしました。

たとえば、50ppm以下なら安全だという基準値をつくったとします。しかし、それではどうも危ないということで最後は4ppmまで下げたとします。まず何の規制もないときは、有機水銀も安全だと、次は50ppm以下なら安全だといい、今度は4ppm以下なら安全だということになります。つまり、50ppmが4ppmに安全基準が変わる前の日まで、50ppm以下の、たとえば、10ppmは安全だったわけです。それが4ppmになった瞬間に10ppmは危険になってしまうということです。

基準値が変わるたびに、前の基準値は嘘だったということになります。国の基準値以下なら安全だという学者にお尋ねしました。論理的におかしくないですか。子どもだって論理的におかしいとわかりますよ、と。

第3章

化学物質の安全神話を突き崩す

水俣病は、有機水銀が原因であったし、カネミ油症は、ＰＣＢ（ポリ塩化ビフェニル）とダイオキシンが原因であった。これらの有毒化学物質に何の規制もなかったのだ。したがって、規制されるまでは「安全だった」ことになる。馬奈木弁護士は、「国の基準に従っていれば安全」とは言えないと指摘する。

さらにこれらの化学物質では、脳が侵され、胎児にまで影響が表れ、微量でも濃縮・蓄積される。「馬奈木の弁論はこわさを誇張している」という反論もくる。ゴミ処分場をつくらせないと主張すると、「極論だ」と非難される……。

規制がなかったダイオキシンやＰＣＢ

ダイオキシン[*1]も最初は規制しなくていい、安全とまで政府は言っていたのです。日弁連は政府に規制すべきだと申し入れました。しかし、政府はその必要はないという回答でした。

ところがある日突然、ダイオキシンは危ないと言い出しました。日本中の小中学校のゴミ焼却炉の使用禁止を通達したのです。いっせいに規制措置を取るというのは、そうある話ではありません。いかに危ないと思ったかがわかります。

ダイオキシンは、煙突から外に出る量の規制値は最初、1立方メートル当たり80ナノ（1億分の1）グラムでした。それが２００1年からは、焼却施設から出る量の規制値は０・1ナノグラムになりました。80から０・1まであっという間に変わりました。

「80ナノグラム以下なら大丈夫、国の基準を守っていれば大丈夫」と言っていました。それも「学者」と称する人たちがそう言っていたのです。国のお先棒を担いで安全だと言っていた人たちの責任はどうなるのでしょうか。

水俣病は、国の規制がなかった有機水銀が原因でした。同じ不幸がカネミ油症事件[*2]

＊1　ダイオキシン
ゴミの焼却などの処理過程で、塩素を含む物質の不完全燃焼で発生することが多く、薬品類の合成の際にも、意図しない副生物として生じる。米軍がベトナム戦争で散布した枯葉剤の中に含まれ、催奇性が問題になった。毒性は、発がん性、生殖毒性、免疫毒性など多岐にわたる。
ダイオキシン類の化合物は次の3種類に大別されている。
▽ポリ塩化ジベンゾパラジオキシン（ＰＣＤＤｓ）▽ポリ塩化ダイベンゾフラン（ＰＣＤＦｓ）▽ダイオキシン様ポリ塩化ビフェニル（ＤＬ‐ＰＣＢｓ）
世界保健機関（ＷＨＯ）はこれらを合わせてダイオキシン類としている。

で起きました。原因はPCB[*3]でしたが、何の規制もありませんでした。私たちがカネミ油症事件の裁判をはじめたら、国はあっという間に全面使用禁止にしました。しかし、使用禁止にするまでは、PCBは安全とされていたわけです。ですから国の基準に従えば安全などと言えない。基準が変わった瞬間に危険になるなんてことはありえない。論理的に成り立たないのです。

濃縮される毒物の怖さ

水俣病は、そもそも有機水銀を規制していなかったのが大問題でした。チッソが海に流した有機水銀は、まずプランクトンの体の中に入って濃縮されます。そのプランクトンを別の生物が食べ、小魚も食べる、さらに小魚を食べる大きな魚の中に入って蓄積され、順ぐりに濃度を濃くしていきます。人間にたどり着いたときは、結局発病する濃度になっていた、ということです。それはマイクログラム（μg）の単位、100万分の1の単位の微量なものですが、人間の体の中でも蓄積・濃縮されていくから問題なんです。

ところが、当時はヒトの体の中で蓄積・濃縮が起きるなんて医学常識では考えられないといわれました。有害物質は希釈すれば安全だと考えられていたのです。

＊2　カネミ油症事件
1968年に、西日本一帯でPCBなどが混入した食用油を食べた人たちに障害が発生した健康被害事件。食用油は、北九州市のカネミ倉庫の製造過程で、熱媒体として使用されていたPCBが過熱されてダイオキシンに変化し、それが混入した油を摂取した人たちの顔面などの皮膚に色素が沈着、頭痛、肌や肝機能の障害など、治療法のない障害を引き起こした。また妊婦の胎盤や母乳を通して、新生児の皮膚が黒くなる「黒い赤ちゃん」が社会に衝撃を与えた。
原因物質について、政府は2002年、「PCBよりもダイオキシン類の一種であるポリ塩化ジベンゾフランの可能性が強い」と認めた。全国で1万4000人が被害を訴えたが、認定患者数は2012年3月現在1966人と少ないことや認定の基準があいまいなどの問題点が指摘されている。

「そんなことはない」と科学者の側から反論がありました。たとえばヒトの骨は、食べ物の中の微量なカルシウムが蓄積濃縮されてできたのだし、カタツムリの殻も微量のカルシウムが蓄積濃縮されたものだと。生物が化学物質を蓄積濃縮するというのは自然科学上の常識です。

国を弁護する医者や学者は、水俣病ではじめてこのことがわかったという。当時、水に薄めて流せば、安全だといわれていたのが、マイクログラムの単位の微量でも蓄積濃縮されることがわかったと。国や御用学者が唱える「安全神話」の正体がこれでわかります。

人がつくり出した毒は脳へ、胎児へ

蓄積濃縮の問題に加えて、もう一つ愕然としたことがあります。

地球上に生命が誕生して以来、35億年かけて生命体は毒物に対する防御機能を身につけてきたわけです。その一つが、人間にとってはいちばん大事な脳を守るための血液脳関門で、毒物を脳に入れないためのバリアです。ところが、水俣病では、この関門がやすやすと突破されました。脳が有機水銀に侵されたのです。

もう一つ、人類が生存していくためには、胎児を毒物から守ることが必要ですが、

＊3　ＰＣＢ
ポリ塩化ビフェニルの略。熱や薬品に強く、電気絶縁性が高い化学物質で、加熱、冷却の熱媒体や電気機器の絶縁油など非常に幅広い分野で使われた。毒性が高く、脂肪組織に蓄積しやすく、発がん性、皮膚障害、ホルモン異常を引き起こす。日本では、１９５４年に製造がはじまったが、カネミ油症事件をきっかけに72年、生産・使用中止の行政指導を経て、75年に製造・輸入が原則禁止になった。

母親の胎盤がガードしているから胎児には毒はいかないと考えられていました。しかし、このバリアも機能せず、胎児性水俣病の赤ちゃんが生まれてしまったのです。

同じ悲劇がカネミ油症事件でも起きました。胎児性のカネミ油症患者が出たのです。生命体が35億年かけて獲得してきたガードがどうしてやすやすと突破されたのか。それは、人間がつくり出した毒物だからです。35億年かけてガードしてきたのは自然環境の中にある毒ですが、それらとは違う人工の毒物なので、人体の防御機能が働かなかったのです。そこに人間のつくり出した毒物の恐ろしさがあります。これが水俣病の教訓です。

1兆分の1の量が問題に

ダイオキシン類が恐ろしいところは、ごく微量でも発病するということです。水俣病は、ｐｐｍ＊4、１００万分の1の単位です。ところが、ダイオキシンの規制はナノ、ピコの単位です。ピコというのは1兆分の1。それがどんなに微量か。テレビ解説の受け売りですけど、たとえば、競技用の50メートルプールがあったとします。プールに水をいっぱいためます。そこに目薬をちょっと落とします。その量です。その量で危ないということです。

＊4　ｐｐｍ　パーツ・パー・ミリオン。1ｐｐｍ＝1グラム当たり1マイクログラム。

「カネミ油症は終わっていない」などと書かれた横断幕を掲げて行進するカネミ油症裁判の関係者（公害被害者総行動デーで、2013年6月6日　撮影：松橋隆司）

水俣病では規制値は、ppmの単位、100万分の1までできました。そんな微量でも生物は蓄積濃縮するから「危険量」というのがあるわけです。これ以上あると発病する、それ以下なら毎日体内に取り込んでも発病しない量があると。その量のことを「しきい値」あるいは「閾値《いきち》」といいます。ダイオキシン類は、その「しきい値」「閾値」が想定できないところが恐ろしいところです。

カネミ油症の原因物質は最初、PCBとされましたが、政府はPCB被害だけでなくダイオキシン類の被害であると認めました。私たちがずっと昔から言い続けてきたことです。なかなか認めなかったのは、認めると大変なことになるとわかっていたからです。これらの物質は、生物のホルモンバランスに影響を与える環境ホルモン*5の作用があるとされています。

たとえば、ヒトは自然体では男女比は半々とされています。ところが環境ホルモンの作用がたまたま働いたとすると、女の子がたくさん生まれ、男の子が少ないということが起こる可能性があるといいます。水俣で、1956年から59年にかけて生まれた赤ちゃんの性別を調べた研究結果がありますが、やはり男女に有意差が出ています。私は医学に関してはずぶの素人で科学的な根拠をもちませんが、有機水銀が環境ホルモンのように働いているとしたら、非常に理解できることが多いのです。

ゴミは環境ホルモンの発生源になり得ます。しかし、ゴミから出る有害物質の被害

＊5　環境ホルモン
内分泌かく乱物質のこと。「環境中に存在するホルモンのような物質」という意味合いから「環境ホルモン」という言葉が使われるようになった。生体にホルモン作用を起こしたり、逆にホルモン作用を阻害する化学物質をいう。
本来のホルモンと同様、非常に微量でも生体に悪影響を及ぼす可能性があるため、従来型の環境基準では規制できないと危惧された。とくに人や動物の生殖機能は、男性（オス）、女性（メス）も、性ホルモンの影響を強く受けて微妙な調整がされているため、体外のホルモン類似物質の影響を受けやすいとされている。
内分泌かく乱物質の研究は、各国が協力する形で進められている。日本では環境省が中心のプロジェクト（SPEED'98）で進められ、可能性の高いと考えられる物質から順に検討されている。

は、たとえば健康な大人が病気になるか、水俣病のような病気になるかと言われたら、それはないでしょう。しかし、環境ホルモンとして作用すれば、さまざまな被害が起きます。

人間の精子の数が減少している、生殖能力は大丈夫なのか、というデータがつぎつぎ出てきます。電磁波の影響もあると指摘されています。化学毒の環境ホルモンも影響しているでしょう。みんな寄ってたかって影響していると考える方が正確かもしれません。ですから大げさに言うと、人類の生存自体、存続自体が危ぶまれます。

「誇張している」と直ちに反論が……

焼却施設からダイオキシンが出ていて危ない、管理型処分場から流れ出ている水は処理したといっても危ない水であり、人体被害が出るに決まっていると指摘しますと、「だって被害は出てないじゃないですか」と、直ちに反論がきます。

たとえば、埼玉県所沢でダイオキシンが大きな問題になった[*6]当時のことです。「あれだけ煙を出しているのにダイオキシン被害も人体被害も起きたという発表はないではないですか。最終処分場だって変な捨て方をして、変な水流しているところが日本中いっぱいあるのに、人体被害が起きているとの報告は一つもないじゃないですか」

＊6　所沢ダイオキシン問題
埼玉県所沢市北部の通称「くぬぎ山」地域は、半径500メートル圏内に十数基の産業廃棄物焼却炉が建設され、『産廃銀座』と呼ばれていた。1995年に、その周辺の土壌と産業廃棄物の焼却灰からそれぞれ1グラム当たり100～500ピコグラム、1グラム当たり2000～4000ピコグラムという高濃度のダイオキシンが検出された。

と。私が大げさにものを言っている、誇張しているという反論です。

私は、3つの論拠をあげて説明することにしています。

1つ目の論拠は、水俣病にあります。水俣病の原因物質である有機水銀が流され出したのは、戦前の1932年です。この年にアルデヒド製造工場ができました。水俣病の患者さんが公式に発見されたのは1956年5月です。「流しはじめてから24年後になって突然被害が出るのはおかしなことだ。だから工場の排水のせいではない」というのがチッソの言い分でした。

私たちはそのとおりだといいました。24年後に突然に水俣病の被害が出るのは確かにおかしい。その点ではチッソの主張は正しい。しかし、チッソと意見が違うのは、だったら患者さんは以前からいたに違いないという点です。

公式に水俣病の患者さんが発見された当時、お医者さんたちがいっせいに調査しました。3年前の1953年に発病した患者さんがいるところまでわかりました。53年から56年までの間に狂い死にした患者さんがおられたのに、お医者さんたちは新しい病気だとは思わず、既存の病名をつけていたわけです。

さらに熊本大学がさかのぼって調べて、1941年に最初の患者さんがいたというところまでたどり着きました。それ以上はもう古いことでたどれなかったということです。私はそれ以前にも患者さんはいただろうと思っていますが、少なくとも記録上は１９４１年の時点で患者さんがいたということははっきりしました。

１９４１～１９５６年まで患者さんはいたのに、新しい病気が出ているとは思われていなかった。環境ホルモンの問題も、病気は実は起きているけれども、見つかっていないだけなのです。

２つ目の論拠は、カネミ油症事件にあります。カネミ油症事件はＰＣＢによる被害だとずっといわれてきましたが、後に、ＰＣＢの加熱により生成されたダイオキシン類による被害だということが判明しました。つまり、ダイオキシン類のことが判明する以前は、ＰＣＢによる症状と異なる症状は、カネミ油症の病気だと思われていなかったことになります。それに、環境ホルモンによる症状というのは、ヒトの本来のホルモン作用が害されるものですから、ヒトがもともとかかる可能性のある病気の症状が出ます。そうすると、環境ホルモンで新しく起きた病気か、もともとある病気か区別がつかないことになります。

この区別はどうしたらわかるか。疫学調査という方法があります。たとえば、所沢のダイオキシンを調べるとすると、ダイオキシンを出している煙突から近い順に症状を調べていき、ダイオキシンの汚染の比較的少ない町と症状を比較し、ダイオキシンの影響があるかどうか調べるという方法です。そうやって調べてみないと実際のところ被害の実態はわかりません。しかしだれも調べようとしないからわからない。

3つ目の論拠は、化学物質の毒性の特質にあります。たとえば、生殖器の異常とか、子宮内膜症や精子の減少は、その症状が出るのは、生まれたときから10年後、場合によっては20年後であるということです。少なくとも動物実験では起きることが推定できるが、異常が出るかどうかは成人しないとわからない。「いま起きていないとしても15年後に起きない保証はないよ」。そういう種類の危険性の問題です。

「つくらせない」は極論ではない

人間がつくり出した化学毒が危険だということを世界的に知らせた本は、レイチェル・カーソンの『沈黙の春』[*7]です。この本がアメリカで出版されたのは1962年です。日本では、水俣病の原因が有機水銀化合物と特定され、社会的な大問題となっていたころです。有機化学毒によって自然界に被害が起こっている。鳥たちは死んで、春になっても鳥はさえずらない。「沈黙の春」です。そして著者は、「大人である私たちがこんな危険な化学毒の使用を許したことに対して、子どもたち孫たちは決して私たちを許してくれないだろう」と最後に記しています。

それから30年後、今度は『奪われし未来』[*8]という本が出たわけです。環境ホルモンの危険性を世界的に有名にした本です。だれの未来が奪われたのか。私たちの子ども

＊7『沈黙の春』
レイチェル・カーソン［著］青樹簗一［訳］、新潮社、２００１年新装版

＊8『奪われし未来』
シーア・コルボーン、ダイアン・ダマノスキ、ジョン・ピーターソン・マイヤーズ［著］長尾力［訳］、翔泳社、２００１年増補改訂版

たち、孫たちの未来が奪われるという警告の本です。30年間にそこまで危険性が進んだということです。

ですから私は処分場をつくらせないと決意しています。つくらせたら子どもたち、孫たちの命はいくらあってもたりません。そもそも孫が存在するかどうかさえ危ぶまれます。極論だといわれますけども、この2冊の本を読めば、私の決意がそんなに極端な話ではないということも理解してもらえると思います。

第4章
勝つ方法を考えるのが弁護士の仕事

半世紀近くにわたる弁護士活動の中で、馬奈木弁護士も先輩や同僚から仕事のやり方を学んだ。弁護士とはこんなことまでするのか、と驚いたことも少なくない。チッソ工場から証拠の水銀をつるはしで掘り出した弁護士、「労働者の気持ちを代弁する」といって法廷で労働歌を歌って喝采を浴びた弁護士、「頭と口を使うのでなく足を使え」という弁護士の教え……。

裁判が国民の権利の守護者とは言い難いいま、自らの体験を交えて、弁護士はどうあるべきか、何をすべきかを語る。

弁護士1年生のときは

私の経験から申し上げますと、弁護士1年生でとりくんだ事件が、たぶん自分の生涯をかける事件になる。そうでない方も、もちろんたくさんいらっしゃるでしょうが、やっぱり最初の事件にはいちばん一生懸命とりくむし、いちばん身につきます。終世の方向を決めることにもなると思います。

私は、水俣病と廃棄物問題を担当するなんて夢にも思っていませんでした。弁護士になったときに、たまたま私が入ったのが、福岡第一法律事務所でした。事務所では、1年生の弁護士は、その年のいちばん大きな事件を割り当てられることになっていました。それで私は水俣病を担当することになったのです。

当時は、本当に恥ずかしながら水俣病の被害がいかに大きく、大変なことか知りませんでした。何の考えもなしに提訴に参加したら、結局抜けられなくなってしまい、水俣市へ移住して事務所を開くことになりました。裁判をたたかうために現地に移住した最初の人は、イタイイタイ病裁判に勝訴した近藤忠孝弁護士です。私が2番目でした。

水俣病第１次訴訟判決後、チッソ水俣工場で行われた交渉。
写真中央、起立しているのが馬奈木弁護士（1973年）

つるはしをふるい、法廷で歌も

水俣病にとりくみはじめた頃のことです。1次訴訟でチッソの工場検証のために、私たちは工場内に踏み込みました。ところがチッソは、肝心のアセトアルデヒド工程[*1]から出る排水の溝をコンクリートで埋めてしまっていたのです。工場労働者がいっせいに「これを掘ってコンクリートを掘り起こして溝まで掘ったら水銀がごろごろ転がっている。間違いない」というわけです。でも「チッソが『うん』と言わんのに掘るわけいかんでしょ」と、普通の良識ある弁護士ならちゅうちょしますよ。

ところが、冤罪事件やイタイイタイ病など公害裁判にかかわってきた山下潔[*2]弁護士は、労働者が用意してくれたつるはしを持って、裁判所に断わりもせずに、いきなり掘り出しました。それを見た工場労働者がどっと集まってきて掘りはじめたのです。原告の患者のお父さんも一緒になって掘りました。これには、裁判所も制止できない。ましてやチッソも阻止できません。あっという間に1メートルを掘り下げました。検証記録を見ると60センチ掘ったと書いてありますが、1メートルは掘っていると思います。

とにかく、そうして掘ったら本当に水銀が出てきました。ごろごろと。これで第1

＊1　アセトアルデヒド
　産業的には、酢酸エチルの製造原料として多く製造されている。酢酸エチルは塗料の溶剤や、マニキュアの除光液など広く使用されている。アセトアルデヒドはエチレンから製造されるが、その製造方法は以前は水銀を触媒に用いてアセチレンを水和し、ビニルアルコール経由で合成する方法が用いられていた。この工程で生成されたメチル水銀が無処理で排出され、水俣病の原因になった。

＊2　山下潔（やました・きよし）
　イタイイタイ病裁判弁護団常任弁護士、水俣病第1次訴訟弁護士、スモン訴訟弁護団などの公害、薬害事件で被害者救済に貢献。八海事件など多くの冤罪事件やオウム真理教被害対策弁護団などの活動のほか、国際的な人権問題にも携わってきた。『人権擁護30年―人間の尊厳と司法』（日本評論社）などの著書がある。

ラウンドの勝負は決まりました。相手はノックアウトにはなりませんでしたが、「少なくともダウンはしたよね」と話題になるようなパンチ力がありました。

「企業にも断らないかん、裁判所にも断らないと……」というような弱気ではなく、必要なことは率先してやるべきだということを学びました。当時私はまだやっと弁護士2年生でしたから、そうなのか、弁護士とはそういう仕事なのかと、身に染みてわかりました。

1960年の三池闘争*3後の三井三池のじん肺*4訴訟のときの話です。三池闘争は「総労働対総資本の対決」といって日本中から労働者が応援に駆けつけてきました。もちろん相手は総資本です。暴力団がのり出し、傍若無人の振る舞いで労働者を刺し殺す事件に発展しました。さすがに世論が反撃したものでしたが、今度は暴力団になり代わって警察が前面に出てきて労働者と対峙することになりました。労働者にとって、三池炭鉱というのはこうした特別の思い入れがある炭鉱です。

ところが、じん肺訴訟を起こすのが遅れたのです。1979年、最後の最後になって石炭じん肺裁判が提訴され、三池じん肺訴訟も起こされます。待ち望んだ訴訟です。みんなが喜び、歓迎しました。支援の労働者たちもいっせいに拍手しました。

第1回弁論の法廷で、福岡の原田直子弁護士*5が、労働者の気持ちを弁論するとして、やおら「俺達は栄《は》えある三池炭鉱労働者」と歌ったのです。これが拍手喝采でし

*3　三池闘争
1959年から60年にかけて三井鉱山三池炭鉱（福岡県大牟田市）で起きた大量解雇反対闘争。政府の石炭から石油への政策の転換で、三井鉱山は59年8月、約4500人の人員削減案を発表、続いて約1500人に指名退職を勧告、これに応じない1278人に指名解雇を通告した。組合側はストライキで対抗したが、会社側が組織した第2組合が60年3月、ピケを張っていた第1組合と対決。右翼暴力団員に第1組合員が刺殺された。三池労組は無期限ストで対抗、不屈にたたかった。財界が三井鉱山を全面支援し、多数の民主勢力や総評が三池労組を全面的に支援したため「総資本対総労働の対決」といわれた。

た。要するに、弁護の依頼者や患者、あるいは被害者とわれわれとは一心同体ということです。ときには、暴力団と怒鳴りあわなければならない時もあります。ゴミ問題をやると暴力団が出てくることもあります。その時は、怒鳴り負けない。私は暴力団に「声の大きさならおまえたちに負けんぞ!」と怒鳴ります。こちらが怒鳴ったら相手は黙ります。

頭と口ではなく足を使う

山下潔弁護士に教わったことですが、「弁護士は、頭で考えるが、それは違う。被害者に教えを請え。労働者に教えを請え。その地域でたたかってきた住民に教えを請え」と言われました。

「教えを請え」というのは「よく話を聞きなさい」ということです。「弁護士は頭と口を使うのではなく足を使って聞きにまわれ」と言われました。

そのうえで、どういう裁判をするのか、あるいは裁判をしないで運動で立ち向かうのか、どういう法律構成にするのか、弁護士が考えなければならないことです。

ですから依頼者も含めてみんなで協力し合って、答えを見つけ出す。その見つけ出す仕事をするのが弁護士です。

＊4　じん肺と石炭じん肺訴訟
じん肺は石炭や金属鉱山の採掘現場、造船やトンネルの工事の現場で発生する粉じんを大量に吸い込むことによって発生する肺の病気。粉じんが肺にたまり、肺の末端組織（肺胞）が徐々に線維化して呼吸機能が衰え、呼吸困難になる。線維化した組織は、改善せず、「完治しない不治の病」とされる。
石炭じん肺裁判は、九州や北海道の炭鉱で働きじん肺になった元従業員や遺族が、対策を取らなかった企業や国の責任と損害賠償を求めたもの。1979年長崎北松じん肺訴訟を皮切りに、三井三池など6つの訴訟が提訴された。

＊5　原田直子（はらだ・なおこ）
現女性協同法律事務所長。1982年弁護士登録。福岡綜合法律事務所（現あおぞら法律事務所）を経て、1989年辻本育子弁護士とともに現事務所を設立。福岡県弁護士会副会長など歴任。

討議を組織していくのも弁護士。オルガナイザーです。ときには、つるはしも振るというのは、「演技者」にもならなければならないということです。私たちは法廷で「理屈はいらない。事実をつきつける」ということをとくに重視しています。一に事実、二に事実、三に事実、四にも事実、五にも事実です。理屈はいりません。理屈で裁判に勝つのなら苦労はいりません。これが水俣病をたたかった教訓です。

みんなでやれば笑顔になる

被害者救済のために頑張るという生きがいはわかるが、「食っていけるか」とか、「やっていけるだろうか」と質問されることがあります。

食っていけます。現に食ってきました。そして何より楽しいです。楽しいのは、仲間がいっぱいいるということでしょうね。みんなで協力し合ってやってきました。ひとりではつらいですよ。ひとりでやればつらいことも、みんなでやれば笑顔になります。

私がかかわった鹿児島県鹿屋市のゴミ問題で、写真集をつくりました。みんな笑ってデモ行進している写真が載っています。その写真の下に、「ひとりでやればつらい

三井三池争議。警官隊と衝突する組合員（1960年5月12日撮影、朝日新聞社「アルバム戦後25年」より）

ことも、みんなでやれば楽しみになる。この笑顔がそれを示している」と説明がついています。本当にそう思います。

環境問題だけでなく、いろんな不合理が起きています。それを正そうではないかと呼びかけています。ただ、弁護士が自分の力だけで正そうなんていうのは思い上がり以外の何物でもありません。そうではない。弁護士も一員です。みんなで正していこうじゃないかと呼びかけています。

謝らない加害企業

これまでの弁護士人生の中で、私には痛恨の思いに駆られた場面がたくさんあります。

たとえば、じん肺の裁判がそうです。日本で最初のじん肺集団訴訟は、1979年の「長崎北松《ほくしょう》じん肺訴訟」*6でした。長崎県北部のこのエリアは零細な炭鉱が多かったのですが、ここで、じん肺患者たちが、裁判を起こしました。被告は日鉄鉱業という会社です。この会社は裁判に負けても和解による解決を拒否し続け、頑強にがんばりぬいたものですから、とうとう最高裁まで争うことになりました。

被害者のことを思えば、本当は一審で決着をつけたかったのです。4大公害裁判で

*6　長崎北松じん肺訴訟・筑豊じん肺訴訟
日鉄鉱業を被告として1979年提訴。じん肺訴訟では全国初。85年一審判決で、企業責任を認定。これが全国展開の原動力になり、炭鉱6社と国を相手に筑豊じん肺訴訟へ発展した。
筑豊じん肺訴訟は1985年提訴。最高裁は2004年、労働者の生命と健康を守るのは、国の責任と認めた。画期的な判決となり、日鉄鉱業以外の被告企業（三井、三菱、住友、古河）は責任を認め、謝罪し、遺族原告に弔意を示して和解した。日鉄鉱業だけが「納得できない」と和解を拒否し続けてきた。

は、高裁まで行ったのは、イタイイタイ病裁判だけで、後は全部一審で決着がついています。

　最高裁では、原告である被害者たちが勝ちましたので、私たちは被害者を先頭に、どっと日鉄鉱業の本社になだれ込みました。原告のみなさんは、まず「謝れ」と言いました。ところが日鉄鉱業の代表者は、「謝らない」と返したのです。最高裁判決が間違っている。だから謝らない、と。

筑豊じん肺訴訟の控訴審判決は、画期的な勝訴判決となった（2001年7月　撮影：鈴木和夫）

　私たちが「なんてことを言うのだ、最高裁判決に従わないつもりか」と詰め寄ると、「いいえ、判決には従います。裁判所が払えといった金はこの場でお支払いします。判決には従っています」と言い張りました。

　これが、加害企業の論理です。金を払えというんだったら払えばいいんだろう、と。私たちは、このけしからん態度に、「それは無法者の言うことだ」といっせいに非難しました。日鉄鉱業の態度がそういうことなら、本当に謝らせたい、とたたかいを新たにとりくみました。

私たちは日鉄鉱業を相手に筑豊じん肺訴訟の最高裁判決までに、6度も最高裁で勝訴判決を取りました。それでも残念ながら日鉄鉱業は屈服していません。その後もすべて最高裁まで争い続けています。つまり、裁判して負けても構わない。判決どおりの金だけは、払いますという態度をいまだに貫き通しているわけです。やはりアウトローとしか言いようがありません。

「勝つ」とはどういうことか

私は「勝つまでたたかい続ける」と言っています。その「勝つ」というのはいったいどういうことか問われます。

アメリカの弁護士が『議論に絶対負けない法』(ゲーリー・スペンス著、松尾翼訳、三笠書房、1998年）という本を出しました。アメリカの弁護士ランキング[*7]（おそらく非公式のものでしょうが）によると、この著者は全米でトップテンに入っている弁護士だといいます。「負け知らずの著者」と本の帯に書いてあったので、「負けたことがないというのはどんな弁護士だろう」と興味を引かれました。

日本でも「私は負けたことがない。100%勝っている」と豪語する弁護士がいま

＊7　アメリカの弁護士ランキング　アメリカ国務長官を務めたヒラリー・クリントンもランクインしているという。

す。私は、それは嘘ではないと思っています。実は、私の身近にもそういう人がいました。お亡くなりになりましたが、確かに負けたことがない。なぜかというと、事件を選んでいるからです。勝つ事件しか手がけていないのです。それ以外解釈のしようがありません。

ただ褒められるべきは、その判断が非常に正確だということです。私たちは、100%勝つつもりでも負けていますから。たとえば、「よみがえれ！有明」訴訟の仮処分の二審では福岡高裁の決定[*8]が出る瞬間まで勝つと信じていましたが、負けました。予想外の判決でした。私だけでなくマスコミも含めて、社会全体が勝つと信じていたと思っています。

勝つつもりでいてもこのように負けるのですから、その弁護士はめちゃくちゃ厳格に「勝てる事件かどうか」の判断していたのだと思います。

私は、アメリカの弁護士の本を読んで、「勝つ」という意味を納得しました。納得して信奉者になりました。彼は、「議論に勝つことが、勝つことではない」と教えています。議論に負けても勝つことはあるのだと。ばあいによっては、議論に負けることも必要だと言います。

それからもう一つ、相手を侮辱しては敬意を勝ち取れないということです。私はこの言葉を強く心にとめました。かつて私は、相手を侮辱することを、弁護士の商売と

*8　福岡高裁での控訴審判決
佐賀地裁は2004年8月、干拓事業と漁業環境被害に因果関係を認め、干拓工事差し止めの仮処分を決定した。福岡高裁は、2005年5月、因果関係は否定しなかったが、立証不十分として干拓工事差し止めの仮処分を取り消した。

考えていました。相手といっても、普通の事件で相手を侮辱することはありません。相手というのは国、権力機関、とりわけ裁判所を相手にするときです。

まだ、私の若いときのことを知っている裁判官にときどき言われるのです。

「おお、馬奈木さん、あなたの1年生の頃、大変だったよね」と。とにかく、裁判官とけんかして一本とらないとその日の法廷を終わらせてはいけないと思っていましたから。毎回、裁判官とけんかしていました。

しかし、それは、決して正しいことではなかったと痛切に感じました。相手を侮辱しても相手の敬意を勝ち取れない。これはあたりまえのことです。

われわれは、物事を解決したいと思っています。裁判は何のためにするかというと、一言でいえば、紛争解決のためです。もう少し言うと、裁判しなくとも解決できればそれがいちばんいいわけです。社会正義の実現と言いますけれど、紛争解決できなければ話になりません。その解決の中身が、社会正義にふさわしいものになっているかどうか、これが問題です。

そうすると要は、相手をいかに説得するか。相手といかに共感し合えるか。そこが勝負だと、アメリカの弁護士は教えています。なるほどと、私は非常に勉強になりました。相手と共感し合える方法ならいろいろあります。

法律家は歴史を学べ

私は、久留米大学法科大学院の教官を務めていました。そこでの講義の民事訴訟実務入門講座の第1講目は、いつもある脱線話からはじめます。

一時期、「えっ、医学部の学生が生物を選択してないの?」と、話題になったことがありました。医学部の学生が生物を学ばないで医学がわかるのだろうか、という心配です。

一方で、民事訴訟の講座を受ける学生80人のうち、日本史と世界史の両方を大学入試で選択した人は、数人しかいませんでした。私は、生物を学んでいない医学部生より、法律を専門にやろうという人たちが、日本史・世界史を学んでない方がはるかに恐ろしいと感じています。

実際に、私が担当した久留米市内の所有権確認の裁判で、こんなことがありました。

市の郊外に条里制*9が残る古い農村集落があります。その集落の庄屋の子孫であるAが、ため池とそれに付属した山林の所有権は自分にあるとする確認訴訟を起こしました。相手は、矢作《やはぎ》という集落です。ため池の水は、矢作集落とさらに下流の4集落の

*9 条里制
古代から中世にかけて行われた土地区画制度。土地を109メートル四方（1町四方）単位に区分する特徴があり、北海道と沖縄を除く各地に、条里制の遺構が残っている。

農業用水として使われていて、ため池の所有権は、これまで矢作集落にあると考えられてきました。それに対してAが「いや、庄屋の個人財産だ」という訴えを起こしたわけです。

どうして個人所有だと言えるのか。A側からつぎつぎと古文書の資料が出てきました。

豊臣秀吉の九州・島津征伐*10の際、久留米市内のこの地域で、攻め落とされた封建領主（草野一族）がいました。落城によって離散した一族の子孫が、この地にとどまり、江戸時代中期に、娘をAの祖先に嫁がせた。その際、ため池と山林の所有権があったので、それを嫁入り道具として持参した、というのです。それを証明する古文書が、庄屋に代々引き継がれており、それをもってAは所有権が自分にあると主張しました。

この話は、日本史をちょっと勉強した人なら、Aの主張が1から10まで嘘だということがたちどころにわかります。

まず、領主の草野一族は、秀吉に抵抗して攻め滅ぼされているので、子孫は残っていないのです。公式記録上も残っていないし、郷土史家も「草野氏の子孫はいない」としています。戦国の世、抵抗したら子孫を根絶やしにする方が普通で、残すことは例外です。

*10　九州・島津征伐
1586（天正14）年7月～87（天正15）年4月。秀吉と島津氏との戦いの総称。

そもそも、子孫が残っていたとしても、ため池や山林を子孫が嫁入り道具として持参することがあり得ないのです。なぜなら、この時代、個人に土地の所有権があるわけないのです。

当時の租税制度は「村請《むらうけ》」といって、村の農地から上がる収益に対して租税がかかり、村が連帯責任で支払う仕組みになっていました。租税は個人が払うのではありません。したがって、当時の農民は、よその村に出かけて、耕作することが禁じられています。いわゆる出作入作の禁止です。さらに土地の永代売買禁止令。当時にあっては、土地を分けて、嫁入りの際に持参するなんて、ありえないことです。近世史では、あたりまえの話です。

歴史上ありえない話を認定

ところが驚いたことに、最高裁までが古文書があることを根拠に、ため池と山林は「嫁入りに持参した財産」という原告Aの主張を通したのです。

ため池と山林は現在も、矢作集落の農民が使っていますから、Aが、今度は、所有権確認訴訟で最高裁判決がすでに確定しているのだから、ため池と山林を明け渡せ、と訴訟を起こしてきました。私は、この段階から被告である農民側の弁護をするために裁判にかかわりました。

くり返しますが、私に言わせれば、ちゃんちゃらおかしい話です。裁判官に「そんな話はありえません。前の裁判は誤判に決まっていますよ」と言ったら「えっ！」と驚きました。しかし、信じないので、資料をそろえて懇切ていねいに説明したら相手もだんだんわかってきました。

決定的なのは、日本の土地所有権が確立したのは１８７３年の地租改正[*11]からだということです。それまでは、土地所有権は存在しないのです。もちろん、封建時代にもそれなりの所有権の概念はありますので、いまの所有権とは厳密に区別する必要がありますが、正確にいうと、近代市民法がいう所有権はないのです。

この裁判では、江戸時代に封建領主の子孫が土地を嫁入りの持参財産にしたなんて、日本史上ありえないことを裁判所が認定し、それも地裁3人、高裁3人、最高裁5人の計11人の裁判官が関与して判決を書いています。この中には、「農村出身者はひとりもいなかったのか」と、私は毒づいたのですが、恥ずかしい認定だと思います。法律家は、歴史をぜひ学んでほしいと思います。

＊11　地租改正
１８７３年（明治6年）に明治政府が行なった租税制度改革で、日本ではじめて土地の私的所有権が確立した。土地所有者のいない入会地は政府に没収されたことなどから、一揆が頻発し、自由民権運動へ影響を与えたという。

江戸時代からの墓地の所有権

国の所有権に関する議論は、非常に単純明快です。「その人が権利者であるのは、国が所有権者だと認めたからだ」と。どういう方法で認めたのかと問えば、「地租改正の時に地券[*12]を交付して認めた」と答えるでしょう。

つまり国から地券をもらった人が所有権者です。逆に言うと、「国が地券を交付していない土地があるとすれば、それは国のものです。それを実効支配している人がいてもその人は、所有権者ではありません」と。これが国の論理です。他の問題でも国は同じような理屈をとります。つまり、一般論として権利は国が認めてつくったものなのです。

私たちは「それこそ観念論の最たるものだ」と指摘して、こう主張しています。「国がいくら一片の紙切れ（地券）を渡したからといって、土地所有権は生じない。実効支配を長い年月続けてきて、それがまわりから承認されていれば、土地所有権である。地券の交付はそれを追認したに過ぎない」と。だから地券を交付されていなくとも実効支配と、まわりもそれを認めていたという事実を証明したら所有権者なのです。

*12 地券
地租改正の際に行なわれた測量結果が地券台帳にまとめられ、土地所有を示すものとして地券が交付され、土地の売買は地券で行われた。1885年登記法の成立後は、登記簿が土地所有を証明するものになり、地券台帳も土地台帳制度に引き継がれた。土地台帳は登記簿と一元化され、1960年に廃止された。

ちなみに、最近、竹島の領有権をめぐって、国は私たちが主張するこの「権利の成立概念」と同じ理論を対外的には主張しています。

江戸時代からの墓がある寺で、おなじような事件がありました。

その寺では檀家の墓が建っている土地は自分たちのものだと思っていました。ある日、新しい住職に替わって、登記簿をとってみたら隣の寺がその土地の所有権者になっていてびっくり仰天し、何でだということになった。隣の寺の言い分は「あんたの寺は末寺、うちは本寺だ。このあたり一帯は封建領主からもらったもので、全部本寺のもので、末寺に使わせてやっているだけの話だ」というものでした。

そのときにも江戸時代に贈与という概念があったかどうか、という話からはじまり、そもそも土地の所有権はありえないと主張しました。本寺が末寺を支配する権利があったというのは、そのとおりです。しかし支配する権利というなら、末寺は一定の地域を独自に支配してきており、本寺との支配関係は切れていました。地券が交付された明治初期の段階で、末寺は墓の土地を実効支配しており、土地の所有権は末寺にあるという結論なのです。

環境訴訟と入会権、漁業権、水利権

いまの環境訴訟は、入会権《いりあい》、漁業権、水利権の3つの権利を基本としてたたかいます。土地所有の一番の原点は入会権です。つまり、特定地域に暮らす住民、共同体が山林原野や漁場などを、共同して利用してきた歴史的事実を「権利」として認めているのです。慣習法上の権利です。先にため池と山林の所有権の話をしましたが、水と山林がなければ、農業は成り立ちません。

農業の何よりの基本は、もちろん農業生産力ですが、農民がいても、入会地がなければ、焚《た》き木が手に入りませんから毎日の煮炊きもできません。山から屋根をふき替える茅を得られなければ、やがて住むことができなくなります。ガス栓をひねればいいという生活から見れば、想像を絶する世界です。それが日本の農村の生活でした。

入会権なんていまは消滅していると考えていたら、それは決定的な間違いです。土地所有権は入会権から生まれているのです。入会権も基本は所有権ですから、入会権がいったん成立したら、所有権が成立しているのです。総有と共有の区別でいえば、入会権は総有で、ひとりでも反対したらその権利は奪えません。漁業権も水利権も同様です。今それが市民法の原則どおりに残っているのは、農業用水にみられる水利権です。

漁業権は、漁業法の導入によって漁民一人ひとりからは奪われましたが、個人になくとも漁業組合などには残っています。私たちが起こした「よみがえれ！有明」訴訟の裁判では、その権利をどう活用してたたかうかということが考えどころでした。

かつて「宝の海」といわれた有明海は、諫早湾干拓事業によって、漁民は壊滅的な被害を受けています。それを裁判所にどうわかってもらうか。私たちは、干拓事業で漁業権の行使が侵害され、重大な被害が出ていると主張しました。漁民が漁をするというごくあたりまえの権利が、諫早湾を堤防で閉め切るなどの国の干拓事業によって妨げられ、重大な被害を受けているという主張です。

干拓事業はすでに9割ほど進んでいましたが、重大な被害が出ているのなら、いったん工事を止めて対応を考えるのがあたりまえのことです。私たちが、干拓工事の中止を求めた仮処分で、佐賀地裁は漁業権行使の侵害を認めました（２００４年８月）。この主張は、私たちが負けたときの高裁判決（２００５年５月）でも否定されていません。そして、２０１０年12月の本裁判の福岡高裁判決でも、漁業権行使の侵害による被害を認定しています。

権利を主張するにあたって、その権利がどこから生じてきたものかを検証することは、裁判に勝つための論点としてもっとも基本的な作業です。

諫早湾干拓地の潮受け堤防排水門近くで大量死した魚介類（２００８年８月13日「よみがえれ！有明海・国会通信　第29号」より）

第5章

加害者が被害者を選別する理不尽

公害裁判では、加害者である国が「被害者であるかどうか、被害はどの程度か」を認定、救済の内容を決めている。「これはおかしくないか」と、馬奈木弁護士は主張する。交通事故の加害者が、被害の程度や補償を勝手に決めることは、社会的道理に反することは明白だ。

官僚たちは、被害認定に国民が関与することは「行政の根幹にかかわる」とかたくなに拒否するが、それこそが官僚の思い違いで、「国民主権の根幹にかかわる」問題だと指摘する。

官僚の考え違いをただす

水俣病の政治決着は、政府が未確認患者問題について最終解決策を決定した1995年、そして、水俣病救済特別措置法が成立した2009年です。その政治決着のとき、私たちは、裁判所で和解する道を選びました。その際「司法救済システム」と称する提案をしました。提案にはそれなりの理由があります。

問題は、被害者かどうかを国が判断するという認定制度のあり方です。認定された人には一定の補償をする。救済措置を講じます。しかし、すべて国が判断するというものです。

国が判断するというのは、おかしくありませんか。たとえば、交通事故についてみると、加害者が、被害者に対して「お前が被害者かどうか、被害の程度はどうか、おれが判断する」「どの程度補償するかは、おれが決める」と公然と言ったら殴られるのではないですか。社会的道理としてそんなことが許されるはずがないのです。

ではどうして、加害者たる国には、それができるのか。

近代市民法の大原則に立ってみても、国は特別の優越的地位にあるものではありません。日本国憲法でも、主権は国民にあるとしています。[*1] 公務員はいわば国民の使用人と

＊1　日本国憲法前文
「日本国民は、正当に選挙された国会における代表者を通じて行動し、われらとわれらの子孫のために、諸国民との協和による成果と、わが国全土にわたって自由のもたらす恵沢を確保し、政府の行為によって再び戦争の惨禍が起ることのないやうにすることを決意し、ここに主権が国民に存することを宣言し、この憲法を確定する」

いうことです。それが国民主権です。あたりまえのことです。

それを官僚は、考え違いをしているのです。自分が政策を立案し、国民はそれに従うべきだと思い込んでいる。それがいま起きている諸々の紛争の大もとの原因です。近代市民法、日本国憲法の原則に立てば、「それは間違っている」と、官僚の思い違いをただす必要があると、私は思っています。

近代市民法の大原則は、国家は、国民の意思に従うべきだというものです。日本国憲法第99条[*2]の「憲法を擁護する義務」を、天皇以下すべての公務員が課せられています。国民には憲法を擁護する義務はなく、国民は、憲法が保障する権利を、公務員に不断の努力で守らせる義務があるのです。私たちは、環境訴訟をそういう立場から進めてきました。

くり返しますが、加害者である国が被害者を選ぶなんて、とんでもない話です。私たちは、被害者が補償・救済の内容を選ぶことこそ当然のことだと主張しました。しかし国はそれに従わないので、従わせる場所が必要になりました。

公平な第三者機関があればいいのですが、設置には手間暇がかかるので、私たちは、いちばん手っ取り早い方法として、裁判所を選びました。そこで、認定のもとになる水俣病とは何かという病像《びょうぞう》について議論することになりました。これが、私たちの提起した「司法救済システム」です。

＊2　日本国憲法第99条
「天皇又は摂政及び国務大臣、国会議員、裁判官その他の公務員は、この憲法を尊重し擁護する義務を負ふ」

私たちは、水俣病の第2次訴訟で、病像についても福岡高裁で完勝、確定しています。それから国を被告にした第3次訴訟の福岡高裁では、延々と和解の議論をして、県も同意し、チッソも同意した病像があります。国が同意さえすれば、簡単にまとまる話でした。

しかし、国はチッソに対し、「上告するな」と言っておきながら、判決に従わず認定基準を改めようとしません。「行政と司法は違う」からというのが、この時有名になったせりふです。もう一つは「行政の根幹にかかわる」というせりふです。官僚がすべての物事を決める。国民が関与するなんてとんでもない。絶対に許さない。これが行政の根幹だというのです。

逆に私たちから言わせれば、国民主権の根幹にかかわる。絶対にそれを許さない。国民の声を聞け。国民の声に従って仕事をしろということです。

結局、私たちの提案した「司法救済システム」は、裁判所を仲立ちにして話し合った救済策を、原告、県、チッソが合意したにもかかわらず、国が拒否したために実行できず、機能せずじまいになってしまいました。そのため、第4次訴訟（ノーモア・ミナマタ訴訟*3）が提訴されることとなり、一応和解解決をしました。

しかしその後も、国・官僚は本気で反省することも、認定基準を改めようとすることもしないため、この被害者救済の内容をめぐる官僚と国民のせめぎ合いが、裁判と

*3 ノーモア・ミナマタ訴訟（第4次訴訟）
「すべての水俣病被害者の救済」を求めた国賠訴訟。２００５年10月提訴、２０１１年３月和解した。和解の内容は①熊本、近畿、東京の原告２９９３人のうち、一時金等の対象者が２７７３人、医療費（被害者手帳）のみの対象者が22人、合わせて93・3％が救済対象になった②全身性の表在感覚障害も救済対象に拡大③救済要件の判定に被害・加害両者の医師同数を含む「第三者委員会」方式を実現④これまでの「対象地域外」や「年代の制限」を超えた一部患者の救済を実現――など、和解は救済を大きく前進させたが、基本的には被害地の全住民の調査が未了のほか、多数の未救済に被害者が残されており、２０１３年６月、救済を拒否された患者により、ノーモア・ミナマタ第４次訴訟第２陣が提訴された。

いう形で、いまも行なわれているのです。

「謝る」とはどういうことか

裁判に勝つと加害企業の幹部が「謝る」という場面に直面することがあります。テレビでもそうした場面をご覧になった方もいらっしゃるでしょう。この「謝る」とはどういうことなのか。考えてみる必要があるのです。

一つの例は、水俣病の第1次訴訟に勝った時のことです。私たちは強制執行するために工場に乗り込みました。チッソ側は工場長以下総出で、私たちを出迎えました。その時、水俣病患者から「謝れ！」という一声が飛びました。

その途端、私たちの目の前で全員地べたに手をついて土下座しました。驚きました。同行したカメラマンも、まさか土下座するなんて思ってもいないものだからびっくり仰天して、カメラを取り落とす騒ぎになりました。みんながどっとカメラを向けようと動いたものだから人がぶつかり合ったのです。

もう一つは、薬害ＨＩＶ訴訟[*4]のミドリ十字の社長たちです。これも「謝れ！」という一声が飛び、社長以下全員がいっせいに地面に土下座しました。

社長たちがなんで地べたに手をついてみせたのか、本心からお詫びし、反省したの

＊4　薬害HIV訴訟
1980年代に加熱などでウイルスを非活性化しなかった血液製剤を投与された血友病患者を中心に多数のＨＩＶ感染者やエイズ患者を生み出した事件。患者らは、89年以降、エイズウイルス混入の危険を放置し、血液製剤が売られ続けたとして、厚生省（現・厚生労働省）に損害賠償を求めて大阪、東京両地裁に提訴。96年3月和解した。ミドリ十字（現・田辺三菱製薬）は、非加熱血液製剤を製造販売していた。刑事事件としては2000年に同社の代表取締役ら3人に実刑判決が出ている。

でしょうか。そうでないことは、その後の歴史を見れば、明らかです。

イタイイタイ病の裁判では、絶対、そんなことをさせないと、謝罪をさせませんでした。患者さんたちは、「口先だけ」「格好だけ」で頭を下げるのはお断りする、と言いました。

「土下座する」というのは、社会的に「謝った」、誠意を尽くしたという印象を世間に与え、「もう許してやったらどうだ」という同情を狙っているわけです。だから謝れとは言わないというのがイタイイタイ病患者たちのたたかいでした。

一方、じん肺裁判の患者さんたちは、謝れと言っています。それはもちろん格好だけの謝罪を望んでいるわけではありません。本当の意味で謝ってほしいということです。それを明確にしたスローガンが、じん肺裁判の「あやまれ、つぐなえ、なくせじん肺」です。

「本当に反省し、謝罪する」とはどういうことなのか。自分のどこが悪かったのか、今後、どこを改めなければならないのか、このことを公式に自ら認めることです。「自分はここが、間違っておりました。これを改めます」と約束すること、これが「謝る」ということです。じん肺の患者さんたちが言っている「謝れ」とはそういうことです。

「あやまれ　つぐなえ　なくせじん肺」のスローガンのもとに、各地のじん肺訴訟の原告団が集った（2000年6月1日　東京・豊島公会堂）

反省のない「補償金」

それから「償う」も、本当の意味で償いをするということです。損害賠償金を払うことはもちろんその一つです。しかし、払えばいいだろうということでなく、そこに誠意というものがあるのか。本当に反省したうえで払うのか、という問題がありま す。何よりも注意すべきなのは、何を目的とした「補償金」の支払いであり、「謝罪」なのかということです。

たとえば水俣病における1943年の漁民との間の「漁業被害補償」の支払契約、1959年暮れの患者に対する「見舞金契約」による支払いは反省のない「補償金」でした。チッソは、わずかばかりの「はした金」を被害者に出し、そのことによって以後の会社の操業にいっさい文句を言わせない、という「永久和解条項」をしのばせました。

補償金支払いは、チッソが工場の操業を続けること、いままでどおりの利益を上げ続けること、今後も被害を出し続けることを宣言し、これに対して、いっさいの文句を言うな、という通告だったのです。

じん肺の加害企業の日鉄鉱業は、裁判に負けても謝りませんでした。「判決は金を払えということですから、もちろん無条件でいまこの場で金は払います。しかし『責任がある』ということは絶対認めません」という答えが返ってきました。これで患者さんたちは満足するでしょうか。何よりも今後の被害発生を防止することができるでしょうか。私は無念の気持ちを抱かざるを得ませんでした。

患者さんたちの気持ちは、本当に反省したうえで、償い、二度と自分たちのような被害者を出さないでもらいたいということです。その心からの願いが、「あやまれ　つぐなえ　なくせ　じん肺」のスローガンに象徴されています。しかし、加害企業の日鉄鉱業は最後まで謝らず反省せず、その願いを踏みにじったまま現在に至っています。

これは過去の話ではありません。いま、福島原発事故の補償をめぐって、国と東電はチッソや日鉄鉱業などと同じことをしているのだと考えています。まだ被害の全体像すら明確になっていないのに、さりげなく「永久和解条項」を補償契約に入れて、従来どおりの再稼働を求めています。そしてそのことは、水俣病において、新潟で第二の水俣病[*5]が発生したのと同様に、ふたたび第2の福島原発事故が発生する恐れがあるということなのだと思います。

＊5　第二水俣病
熊本県水俣のチッソ工場と同じくアセトアルデヒドの生産を続けてきた昭和電工の排水が原因で、新潟市近くの阿賀野川流域で発生した水俣病をいう。新潟大学の椿忠雄教授らが1965年、県衛生部に患者発生を報告した。水俣とおなじく新潟でも水俣病の発生前に、ネコなどの動物が狂死していた。1956年の水俣病公式確認以来、ほぼ10年が経過し、原因が工場排水にあること、63年までには、排水中の有機水銀が原因であることが明確にされていた。国は、水俣病の教訓を何ら生かさず、被害を発生させた責任が問われた。被害者は67年、新潟水俣病訴訟を提訴、71年原告が勝訴した。

第6章
力ある正義を裁判で勝ち取るために

牛島税理士訴訟は、南九州税理士会で行われていた政治献金の強制徴収をめぐる裁判である。熊本地裁で完勝したが、負けるはずはないと確信していた福岡高裁で負けた。さすがの馬奈木弁護士も「しばらく落ち込んだ」というほどの衝撃を受けた。この経験が、地方の支援組織のみならず全国的な支援組織を拡大強化していく戦術を生み出した。ついに最高裁で逆転勝訴。判決は、政治献金の特別会費徴収の総会決議を違法・無効とした。力ある正義の判決は、その後の税理士会改革をめぐる激烈な交渉に威力ある武器として生かされていく。

負けるはずのない裁判での予想外の判決

牛島税理士訴訟は、1980年に提訴して以来、17年に及ぶたたかいでしたが、私の「再出発点」になった裁判なので、その教訓を紹介しておきます。

この事件は、南九州税理士会が自民党などに政治献金するために、総会で決議し、会員から5000円の特別会費を徴収したことが発端です。この税理士会に所属していた牛島昭三税理士が特別会費の徴収を拒否したところ、会役員の被選挙権をはく奪されました。牛島氏は処分取り消しと損害賠償を求めて裁判を起こしました。

一審の熊本地裁では大勝利を収めましたが、福岡高裁で、まったく予想外の逆転敗訴の判決を受け、私はしばらく落ち込みました。証拠や主張で負けるはずがない訴訟だったからです。

この時、頭をよぎったアドバイスがあります。

「最近の最高裁は少数者や異端者については、法的保護に値しない、法的保護は必要ないと考えていますよ」

私の尊敬する中島晃弁護士から聞いた話です。まさにこの判決がそうだと思いました。「税理士のほとんどが納得しているのに、たった一人で、たった5000円のこ

＊1　**日立製作所残業拒否解雇事件**
1967年9月、日立製作所武蔵工場で、トランジスタの特性管理係をしていた田中秀幸は、終業時間の15分前に、主任から残業を命じられたが、当日は、友人と会う約束があったため残業を断った。たった一回の残業拒否であったが、反省を迫り、懲戒処分、休業を命じ、同年10月、懲戒解雇にした。田中さんは組合活動に積極的であった。一審判決は解雇無効としたが、東京高裁は86年3月、解雇を有効とする逆転判決を下した。最高裁も91年11月、高裁判決を支持した。

＊2　**愛媛県靖国神社玉串訴訟**
愛媛県知事が靖国神社など例大祭などに玉串料や供物料を県の公金から支出していたが、政教分離を定めた憲法に違反するとして、愛媛県の住民が支払相当額の損害賠償訴訟を起こした。一審は、知事の行為は限度を超えた宗教的活

とに目くじらたてなさんな」。判決の中身はそういうことです。

当時の判決をそういう目で見ると、日立の残業拒否による解雇事件[*1]、玉串料訴訟[*2]など、典型的な敗訴例がつぎつぎに出てきました。

少数者の権利を守るのが、まさに基本的人権なのだという正論に、裁判所が真正面から敵対している。そうであるなら、私たちも正面からたたかうほかないと思いました。

従来の支援組織としては、熊本を中心に「牛島税理士訴訟を励ます会」が組織され、活動を続けていました。さらに、税理士が高裁の判決に怒っていることを示す必要がありました。そこで関東の税理士や学者を中心に「首都圏支援の会」を結成し、最高裁に臨みました。それらの会員数は１０００人に達しました。税理士の全国組織である税経新人会全国協議会や国民救援会などの多くの団体から支援を受けました。

こうした支援を背景に、九州や東京で、講演会や報告集会を１４２回開催し、参加者は１万人にのぼりました。牛島税理士を先頭に、弁護団、支援の会の人たちが、毎月１回かならず最高裁を訪問し、最高裁職員の出勤時間に門前でビラを配り、書記官調査官と面会し、上告理由補充書や公正な裁判を求める署名を提出しました。

この最高裁へ向けた活動は、上告してから判決の日まで、４年間にわたって毎月１回も欠かさずやり切りました。そして、なぜ上告したのかという４通の上告理由書、７通の上告理由補充書の提出など、私たちの勝訴にかける思いと執念を最高裁に伝え

動と認め、原告が勝訴。二審は、公金支出は社会的儀礼の範囲で、宗教的活動に当たらないとして原告敗訴に。その後１９９７年最高裁は、二審が合憲とした部分を破棄し、靖国神社という特定の宗教団体への玉串料は援助・助長・促進になるとして憲法違反とした。

17年間たたかい続けた牛島税理士（右）と馬奈木弁護士（『牛島税理士訴訟物語』〈牛島税理士訴訟弁護団［編］、花伝社、１９９８年〉より）

たい一心で活動しました。

広く人びとに訴え、国民世論を力に

「5000円で自由は売れない」
「金にかえられない人間の尊厳・自由を守るたたかい」
「政治を金で買う、政治をゆがめ腐敗させる企業、団体の政治献金全面禁止を」

牛島税理士訴訟で私たちが掲げたスローガンや旗印です。いずれも牛島税理士本人の願いであり、私たちの願いでもあります。しかし、なぜ、人権を侵害する憲法違反の事件が、知的専門家集団である税理士会で発生するのか。その根本原因についても考える必要がありました。

私たちの議論の結果、根本的な問題点は、税理士会の非民主的な制度と、その非民主的な運営にある、と考えました。決定的な問題は、税理士会に自治の原則が確立されていないことでした。大蔵大臣に税理士の監督権限があり、税理士会総会には、国税局の担当者が出席し、税理士の発言に注目していました。自由に発言するには、勇気がいるという現状がありました。

このような状況を根本的に改めるたたかいが求められていることは明らかでした。

広く税理士の支援を求める活動の中で、重要な解決すべき課題として訴えていきました。このとりくみの中で他の団体でも、同様の問題で民主化を求めてたたかっている人たちが、牛島税理士訴訟の勝利を願って運動に参加してきました。私たちは、このような全国的な運動の広がりを肌で感じ、勝訴の確信を深めることができました。

最高裁判決を生かすたたかい

最高裁の判決は、特別会費徴収の総会決議は違法であり、無効だ、と厳しいものでした。南九州税理士会の非民主的な会運営の実態に対する痛烈な批判でした。

政治献金について最高裁判決を客観的に言い直すと、「政治献金行為は、投票行為とおなじことだから思想信条の自由を侵害します」ということです。毎年巨額の団体献金を行なってきた日本税理士会連合会・日本税理士政治連盟が同罪であるのはもちろん、指導監督すべき大蔵大臣（当時）の責任も重大でした。

最高裁は南九州税理士会の責任を明確にしたうえで、損害賠償については、福岡高裁に差し戻しました。私たちは、差し戻しの有利な条件を積極的に活用しました。

これまで、公害や労災など多くの損害賠償訴訟で、加害企業は「判決が命じた金を払えばそれでいいはずだ」と公然とうそぶき、反省しようとしませんでした。この態度は「またおなじことをやる」という公然たる宣言なのです。私たちはこのような恐るべき態度を許さないことをめざしてたたかってきました。

南九州税理士会に反省をうながし、非民主的な会の運営を根本から改善させるための交渉は激烈なものでした。1年間に及ぶ和解交渉と交渉を支援する全国的なたたかいの中で、税理士会は判決直後のまったく反省のない態度を変えざるを得なくなり、ついに私たちの要求を受け入れ、和解解決を目指すようになりました。

注目すべきことは、南九州税理士会の会員の中から牛島弁護士を支持する声が公然と聞かれるようになったことです。和解案は圧倒的多数で承認されました。南九州税理士会は、最後は良識のある態度をとりました。

和解の主要な内容は、次のとおり実行されました。

南九州税理士会は

①税理士会と税理士政治連盟との活動を峻別した。
②牛島氏に対し、責任を認めたうえで公式に謝罪し、原状回復を行なった。
③特別会費の徴収が違法であったことを認め、すべての税理士会員に2年分の特別会費を、利子をつけて返還した。財源は基本的に執行部の個人負担であった。
④今後政治献金をいっさい行なわないことを宣言した。
⑤牛島税理士に対する賠償額は一審の150万円から1000万円を超えた。

第7章

水保病裁判「無法者の論理」を許さず

馬奈木弁護士は、ほぼ半世紀に及ぶ水俣病の裁判闘争の中で、加害企業や国を相手にたたかってきた。水俣病はなぜ終わらないのか。「終わらないのではなく終わらせないのだ」と馬奈木弁護士は断言する。

国が考えている紛争の解決は、「被害者を黙らせること」だが、加害企業や国の「無法者の論理」を論破する方法とたたかい方がある。水俣病のたたかいは、「被害者の最後のひとりが救済されるまで」を旗印に掲げる。被害者がいる限りたたかいは終わらないのだ。

なぜ水俣病は終わらないのか

私が弁護士になったのが、1969年4月です。6月に水俣病の第1次訴訟[*1]が提訴されます。それから、第2次訴訟[*2]、第3次訴訟[*3]、第4次[*4]の「ノーモア・ミナマタ」訴訟、さらに同訴訟の第2陣が2013年6月、提訴されました。

弁護士1年生で、最初の提訴にかかわってから44年が経過しました。水俣病を国が公式に認めたのが1956年ですので、半世紀以上が過ぎています。

なぜ水俣病は解決できないのか。そういう声は直接的にも間接的にも聞こえています。そのお尋ねの中には、長期間解決できないことに対する非難の意味も入っていると思います。これは水俣病にとりくんだひとりとして、まことに申し訳ないと思っています。と同時に、いままでそのたたかいが続いていることを、逆に誇りにしていいことだとも考えています。

4大公害裁判の一つ、イタイイタイ病裁判の原告・弁護団の皆さんのスローガンは「謝罪を許さないたたかい」でした。加害企業の三井金属が被害者の墓参りをさせてほしいと言ったときに、被害者のみなさんは断りました。加害企業としてやるべきことを全部やって、それからお詫びに来いと。それまでは頭を下げることは許さなかっ

*1 水俣病第1次訴訟
1969年6月、熊本地裁にチッソの企業責任と損害賠償を求めて提訴。73年3月一審判決で原告が勝訴し、確定。

*2 水俣病第2次訴訟
1973年1月、熊本地裁にチッソに対し、水俣病被害者であることの認定と損害賠償を求めて提訴。79年3月の一審判決で原告14人中12人が勝訴。賠償を認めたものの双方が控訴。85年8月、福岡高裁での二審判決で行政認定以外の5人中4人を水俣病と認定、賠償金の支払いをチッソに命じ、確定。

*3 水俣病第3次訴訟
1987年3月の第1陣を皮切りに、熊本地裁に国・熊本県・チッソに対し、水俣病被害者であることの認定と損害賠償を求めて提訴（第2陣：81年7月、第3陣：89年7月）。いずれも原告の訴えを認める地裁の判決や和解勧告を被告が控

た、と伝えられています。
おなじようなことが、水俣病の裁判でもあります。私たちのスローガンは、「被害者の最後の一人まで、生きているうちに救済を」です。結論だけを言えば、水俣病が終わらないのは、最後の一人まで到達していないからです。私たちは、被害者がいる限り、たたかいは続くと思っています。100年かかってもたたかい続けるつもりでいます。

本当の「謝る」とは

水俣病のたたかいがはじまった当初に言われたスローガンに「社長に水銀を飲ませろ」というのがありました。被害者の苦しみをわかってもらうためにチッソの社長に水銀を飲ませたらいい、という意味です。しかし、このスローガンは誤りです。長い議論の中で、はっきりしたと思っています。

訴・拒否したが、96年5月、原告とチッソは和解し、国・県への提訴は取り下げた。水俣病の日本で最初の国家賠償訴訟。

＊4　**水俣病第4次訴訟**　通称ノーモア・ミナマタ訴訟（72ページ参照）。

なぜなら、それはいわば私憤だからです。被害者は、私憤からたたかいを出発させますが、本当の願いは、もう自分たちのような被害を出さないでもらいたい、被害者は私を最後のひとりにしてほしい。つまり公憤なのだと思います。

加害企業や国が本当に被害者に謝るということには、5つの段階を経なければいけないと考えています。

①自分たちのやった行為を明らかにし、その行為によって、被害を発生させたと認めること。

②被害の全体を徹底して明らかにし、その被害の原因がどこにあるかを検証し、間違いは改めますと自ら認めて、反省すること。

③すべての被害者に救済の措置を尽くすこと。

④2度と同じ被害が起こらないように、必要な対策を自ら講じること。

⑤それらの実行を誓約すること。

これが私たちの求める「謝れ」ということです。加害企業と国が、自ら本当の意味で謝ることによって、真の被害者救済もできる、今後の被害も防止できる。そうして被害をなくせという要求は実現できると思っています。

水俣病の被害者のたたかいは、本当の意味で加害企業と国が謝らない限り、終わらないのです。

被害者がいる限り、たたかいはやまず

水俣病のたたかいは、最後のひとりの救済までとりくむんだということを、一貫してスローガンに掲げてきました。そして、最後のひとりが救済されるまでは100年かかる、「100年戦争」だと言ってきました。

なぜそういう言い方をしたのか。それは、遺伝子への影響まで含めて考えると、当然、2世、3世にまで、影響が及ぶに違いないという単なる予感からでした。しかし、私はそれが、だんだん証明されつつあると思っています。ですから私たちがたたかいをやめない限り、水俣病問題は100年先まで続くと考えているわけです。

さらに言いますと、水俣病の特筆すべき第一の教訓は、被害者がいる限り、たたかいがやむことはないということを立証した点にあると、私は思っています。このことを国にしっかりわからせなければなりません。

国はまったく真逆の教訓しか学んでいないからです。国側が考えている紛争の解決は、被害者を黙らせることです。いかにして黙らせるか、それに成功すれば、紛争や問題は解決すると考えています。これが、国が学んだ教訓です。

しかし、「それは間違いだよ、被害者がいる限り、あくまでたたかいは続くのだよ」

すべての被害者救済を目指して「ガンバロウ」とこぶしを上げる参加者ら（2010年8月29日 熊本県津奈木町 「しんぶん赤旗」より）

ということを、私たちは教訓として示したのです。

では、国や加害企業は、被害者を黙らせるためにどんなことをしたのか。水俣病のたたかいの歴史をひも解くと、その手口、テクニックが見えてきます。一番わかりやすいのは、1959年の「見舞金契約」です。それは、国・加害企業による原因の隠ぺい、原因物質や因果関係究明の妨害の意図を持っていました。

国・加害企業は、これまで水俣病のような重大な公害被害が発生すると、その原因究明を徹底して妨害し、できる限り原因を隠ぺいしようとしてきました。

被害の実態についても同様で、できる限り全体が明らかになることを妨ぎ、被害の実態を隠し小さく見せてきました。そのため、水俣病では、公式発見といわれる1956年以降すでに50年余を経過しましたが、まだ被害者は発生し続け、被害の全容がわかっていません。国とチッソは、いまに至るまで、地域住民の健康調査、いっせい検診を実行しないため、水俣病とは何かというその病像さえいまなお裁判所で争われているのです。

いま、福島原発事故がおなじ道をたどっています。私たちは福島原発で何が起きたのか、その全体の経過はいまだにわかっていません。原因の隠ぺいと究明妨害、これは、現に福島原発で進行しつつあるということを強調しておきたいと思います。原発被害は現在進行中ですが、被害を発生させる加害構造は、改められないまま存続し、被害発生は日々継続し、拡大し続けています。

なぜ、国・加害企業は加害の構造と被害の実体が明らかになることを妨害し、隠すのか。その答えは、水俣病の歴史によって明らかだと考えています。被害の賠償額をできる限り少なくしたい、という欲求はもちろんあるでしょうが、より本質的には、従来どおりの操業を続けられるように問題を解決すること、これまでどおりの利潤を将来にわたって確保し続けられるように解決すること。このことが至上命令なのです。

水俣では1959年、原因解明を行なっていた厚生省食品衛生調査会が有機水銀が原因であると答申すると、厚生大臣は翌日、食品衛生調査会の解散を命じ、原因究明が途中で打ち切られたのです。しかし、有機水銀が原因だと明らかになったことに力を得て、患者たち（水俣病患者家庭互助会）がチッソと交渉をはじめます。

しかし、この答申に対しても、あくまで原因は不明というチッソの主張によって、見舞金は死者30万円、少額の年金……。しかも、チッソは、被害について責任を認めず、将来原因がチッソによると判明しても、新たな補償要求をしない、この一回限りだというひどい内容でした。しかし、何の補償もなく生活に困窮していた患者・遺族は契約をのまざるを得ませんでした。

同時に、チッソは、汚水処理装置「サイクレーター」を設置します。チッソの社長

福島地裁に向かう福島原発事故訴訟の原告団と弁護団（2013年3月11日　提供：「生業を返せ、地域を返せ！」福島原発事故被害弁護団）

がその排水を飲んで見せ、海の汚染の問題はなくなったと宣伝しました。実はこの装置、原因物質の有機水銀の除去にまったく役立たないものだと後にわかるのです。しかし、当時はわからず、排水停止を求めていた漁業組合も漁業補償協定*5を結びました。こうした一連の動きは、水俣病は終わったかのような印象を社会に与えました。

翌1960年に熊本県知事は、安全宣言を行ない、水俣病発生は終わったという「神話」をまき散らしました。チッソの社長は「水俣は平和になった」と言いました。国・チッソによる水俣病解決とは、「被害者を黙らせる」ことだったのです。被害者が黙れば問題は「解決」されたのです。

その結果、水俣病を防ぐ対策は何も行なわれないまま、チッソは従来どおりの操業を続け利潤をあげ続けました。当然、原因物質はそのまま海に流され続けました。原因究明が中断された結果、新潟で、チッソと同じ化学工場によって第2の水俣病が発生しました。「解決」されたはずの水俣病の問題にふたたび火がついたのです。

政府は、懸命になって水俣病患者の抑え込みを図ります。1968年、政府が水俣病を公害認定したため、患者団体は、ふたたび、補償を求めてチッソと交渉します。けれど、チッソは見舞金契約を盾に応じません。このため、患者団体は補償のあっせんを政府に求めます。

政府は「水俣病補償処理委員会*6」を設置しましたが、補償処理をこの委員会に一任

＊5　漁業補償協定
不知火海漁業紛争調停員会（熊本県知事、県議会議長、水俣市長など）が1959年12月、漁業補償に関する協定の調停案をチッソと熊本県漁連に示し、妥結した。

＊6　水俣病補償処理委員会
厚生大臣が人選をあっせん。座長の千種達夫氏（元東京高裁判事）を筆頭に、三好重夫氏（元内務官僚）、笠松章氏（労働者障害等級専門会議委員長、元東大教授）の3人で構成。

するかどうかをめぐり、患者団体が「一任派」と、断固抵抗するという「訴訟派」に分裂します。もし全員が政府の設置した委員会に一任していれば、たたかいはそこで終わってしまうところでした。これが国のテクニックです。「被害者を黙らせること」が国にとっての解決ですから。しかし、断固たたかうという人が出て、訴訟派のたたかいは、水俣病裁判の第1次訴訟につながっていきます。

国側は、「患者救済を妨害している」と、訴訟をはじめようとしている被害者を加害者に仕立て上げようと策動しました。被害者を分裂させ、敵対させる。これも国のテクニックです。こうした攻撃にも屈せず、たたかいは終わらなかったわけですが、国の抑え込みは危うく成功するところだったのです。

1973年に第1次訴訟は、完勝しました。この結果、チッソと患者との間で補償協定が結ばれました。私たちはこの時点でたたかいは終結したと宣言してもよかった、救済の内容に問題は何もなかったからです。

救済の内容は、後ほど詳しく紹介しますが、針きゅうの治療費から温泉療養費まで入っていて、しかも今後、新たに認定される患者も含めて全員におなじ救済をするというものでした。最高に近い成果を勝ち取った内容だったと思っています（101ページ参照）。これだけの内容があれば普通の裁判なら、これでたたかいをやめているところです。

しかし問題が出てきました。私たちが掲げていたスローガンは「最後の一人まで救済する」ですから、認定患者だけを救済することでは達成できません。しかも、国は新たに患者をほとんど認定しなくなったのです。補償協定は、認定患者を救済するが、それ以外は何もしないという裏返しの宣言になってしまいました。

実際、それ以降は、被害者100人に1人がやっと認定される程度の状況になりました。2次訴訟、3次訴訟というのは、その未認定患者をめぐるたたかいになっていくわけです。

社会制度を知らない判決

法律の適用という問題でも水俣病裁判は、教訓を残しています。

水俣病の裁判に関係する法律として漁業法と食品衛生法があります。

水俣病というのは、そもそもどういう性格の事件なのか。簡単に言ってしまえば、これは食中毒事件です。工場内にあふれた毒

■水俣病の認定申請者と認定者数

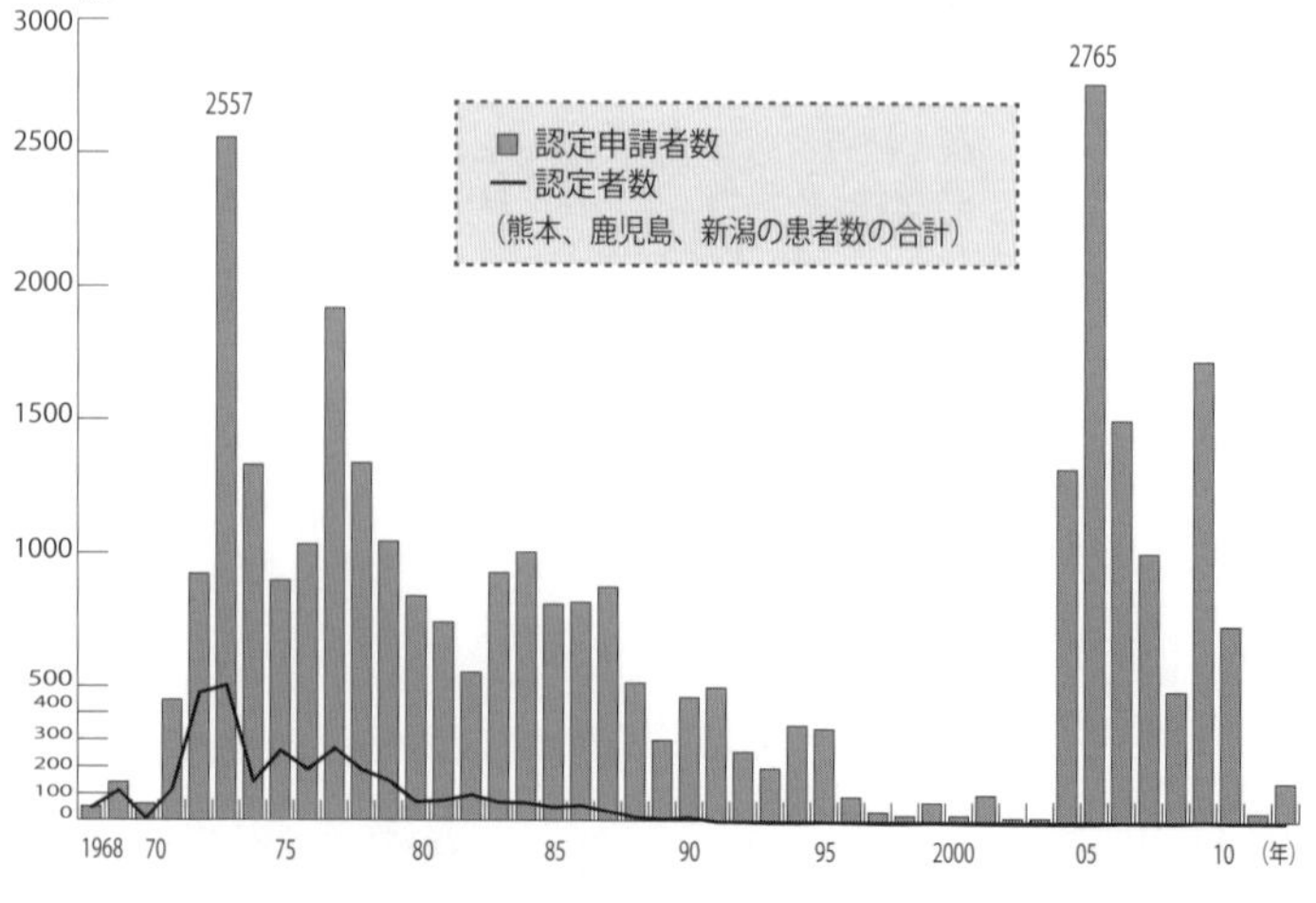

が、工場の外に出て、環境を汚染し、汚染された魚を食べた人たちが被害に遭《あ》いました。食中毒事件に間違いありません。食中毒事件なら、食品衛生法が適用されるのはあたりまえです。

　実際、熊本水俣病の裁判では、熊本地裁の第2次訴訟の判決で、国の責任を問う法律として食品衛生法はもちろん、水質二法*7、漁業法で私たちが勝っています。

　ところが、関西水俣病裁判*8の大阪高裁は、食品衛生法の適用はできないとの判断でした。あまりにものを知らない判断であり、よく恥ずかしくもなくこんな判決が書けるものだと思いました。海の中を泳いでいる魚を獲るまでが、漁業法、獲ったところから食品衛生法になります。これが常識的な考えです。食品衛生法は、文字通り、食品として流通しているものが対象です。問題は、漁師が獲った後の魚が、食品に当たるか、という話です。大阪高裁は、獲った魚を漁民が自家消費をした、つまり自分が食べて水俣病になった。だから商品ではない。流通もしていないから食品衛生法の適用はできないと判断しました。

　一般の釣り人が釣った魚を自分で食べて水俣病になったのなら、大阪高裁の判決で結構です。アマチュアの釣り人は、そもそも釣った魚を流通させるつもりはありませんから、もとより商品ではありません。文字通り自分が消費する、あるいはリリースしてやるでしょう。

＊7　水質二法

　水質保全法と工場排水規制法。いずれも1958年制定。日本ではじめての本格的な水質汚染防止のための法律だったが、鉛やカドミウム、水銀を規制することができず、1970年に「水質汚濁防止法」が代替え法として制定された。

＊8　関西水俣病裁判

　熊本、鹿児島両県から関西に移り住んだ未認定患者と遺族が、国と熊本県に損害賠償求めた裁判。最高裁は、大阪高裁の判決を支持し、国と県が被害の拡大を防がなかったのは違法として、国と県に賠償を命じた。国は旧水質二法で、県は、漁業調整規則で規制しなかったとして、国と県の主張を退けた。判決はまた、国の患者の認定基準を事実上否定したが、国は基準を見直す考えはないと表明した。

しかし漁師は、獲った魚を自分で消費するために獲るのではありません。商品として売るために獲っているのです。たまたま、残り物を食べた、あるいは、商品価値がないものを食べた。たとえば、エビの触角が取れた格好の悪いものを食べたというようにして、自分で食べたのはあくまで例外であって、原則は商品で売るために漁師は漁をしている。あたりまえの話です。自分が食べるために漁師が魚を獲るなんて、ばかなことを言ってもらっては困ります。この見識のなさは裁判官として恥ずかしくありませんか、と私は言いました。

最高裁判決も貧相な判断だ

関西水俣病裁判で、最高裁が判決で適用を認めたのは、水質二法だけで、食品衛生法を適用していないのは、高裁の判断とおなじです。私は、最高裁の判決もいかにも貧相だと、思っています。

工場排水の問題ですから水質二法で原告が勝つのは当然なことです。しかしこの法律は、もうなくなっているので、いまは適用できない法律で勝ったということになります。しかも国の責任が認められたのは、１９５９年の原因物質が有機水銀だとわかってからです。私たちは、排水の規制、魚の規制は3年前の１９５６年の段階ですべきだったし、規制できたと主張して、勝っています。

さらにもう一つ問題点があります。法律の適用をめぐって、最高裁は、法律に条文がなければ責任は生まれない、と主張したのです。そんなばかな議論はないと思います。

目の前で、人がバタバタ死んでいたら、国の担当公務員はどうするでしょうか。どの法律が適用できるかと考える前に、何が何でも、被害を防がなければならないと思うのがあたりまえです。救済するために使える法律はあるかとか、この法律なら適用できそうだとか、物事の順番としてそう考えるのが普通です。そして使える法律は何でも使えと。担当公務員には、まず被害を防がなければならない義務があるのです。

ところが最高裁はその逆です。法律がなければ、目の前で人が死ぬのを防ぐ必要はない、防げないという論理になります。そんなことは、間違いに決まっています。

「汚悪水論」を確立して

そもそも水俣病患者の公式確認は1956年です。その後の調査で、3年前の1953年にも患者が発生していたことが判明します（44ページ参照）。なぜその段階で、新たな被害者の発生を防げなかったのかという論争がありました。

私たちは、第3次訴訟では、公式確認以後の被害が確認された段階で、国が加害企業を規制して防ぐ責任があったと考えました。1956年公式に確認されてからは、当然、被害を防ぐ責任がありますが、それ以前の責任についてはふれない、という論理を展開しました。

しかし、第1次訴訟では、1953年に発生した患者が私たちの裁判の原告になっていますから、1953年の時点のチッソの責任についても争わざるを得ませんでした。

加害企業については、「患者がいることがわかる前から被害を防ぐべきだった」という論理をどうやって確定するか、という壁が私たちの前に立ちはだかりました。この壁を乗り越えるために、私たちは「汚《お》悪水《あくすい》論」という法理論を確立しました。

「汚悪水論」とは、企業の加害行為を考えるときに、工場排水中の個々の物質を問題とするのではなく、危険な排水の総体としての、汚悪水を外部へ排出する行為を加害行為としてとらえようとするものです。

汚悪水のどの物質が、有害な作用を及ぼすかわからなくても、汚悪水が動植物や人体に、危害をおよぼす可能性がある以上、その汚悪水の総体を危険と認めなければなりません。そして、その危険性を完全に取り除くか、排出するのを止めるのが常識的な考え方であって、少しも特別なことではないのです。

■汚悪水論
排水中のどの物質が原因かは問題としない。企業は「有害物質を含む水＝汚悪水」を排出した責任を負う。

たとえば、熊本大学の研究班は，個々の物質が特定できなくとも、水俣病の原因を工場の排水だと考えていました。チッソ附属病院長だった細川一医師のネコを使った実験でも、工場排水が原因であることをつきとめていました。

チッソは、工場排水の総体としての汚悪水が、水俣病を発生させていることを承知しながら、その汚悪水中の個々の物質が特定されない限り、そのまま排水を流し続けてもよい、と主張したのです。これこそ殺人の論理であり、公害発生を認める論理です。

私たちは、危険性がわかりきっている汚悪水をあえて排出する操業を続けること自体に責任があると考えました。チッソがいろいろな調査を尽くしていれば、より早い時期に水俣病の発生が前もってわかったし、防止措置を取ることもできたでしょう。仮に調査を尽くしてもわからなかったとしても汚悪水を垂れ流している以上、チッソは責任を免れることはできません。まして、何の調査も防止措置もしなかったことが、チッソの犯罪をより重大なものにしました。

水俣病患者が多発していた１９５９年、水俣漁民は西田栄一工場長を漁民が用意した漁船に同乗させ、漁船のいけすに生きた魚を入れて、水俣湾の沖合から工場の排水門に向かって入っていくと、チッソの排水が筋になって流れていました。その中へ入っていくと、魚がバタバタと死にはじめました。漁民たちは西田工場長に「それ見ろ、排水が魚を殺していることは明らかになった」と言いましたが、西田工場長は「排水の中の何で死んだのかが明らかにならないとチッソの責任とは言えない」と抗弁しました。

　私はそんな言いわけを許してはならないと思いました。水俣市民は、工場の操業開始以来、その排水に苦しんできたのです。工場排水で被害が出ることは、とっくの昔からわかっていることです。有機水銀が当時原因だとわからないから、責任がないとか、防げなかったというのは、とんでもない話です。チッソは、水俣工場から有機水銀だけを選んで流したのではありません。

　カネミ油症事件がきっかけになって、政府は１９７１年にＰＣＢの使用に規制をかけます。私は、「熊本県内で規制のかかるところがあるのかね」と、県の公害課に聞いたら担当者は「決まっているでしょう」と言うんです。「そうか、チッソか」という話になるのですが、水俣湾の魚は、ＰＣＢにも汚染されていて、その点でも、食べてはいけなかったのです。これは案外知られていないのですが、私たちは裁判の中できちんと問題にしています。

　つまり、チッソが排水で流したのは、有機水銀だけでなく、工場内の毒を全部流していたに違いないのです。ですから私たちは、「工場排水全体が原因」に決まっている、工場から排出する毒は、大気汚染まで含めて全部原因に決まっているじゃないかと、これが、私たちが確立した法理論、すなわち「汚悪水論」なんです。個々の原因物質だけを問題にするのではなく、工場から排出される全部の毒物を含んでいる廃液

■チッソ水俣工場周辺地図

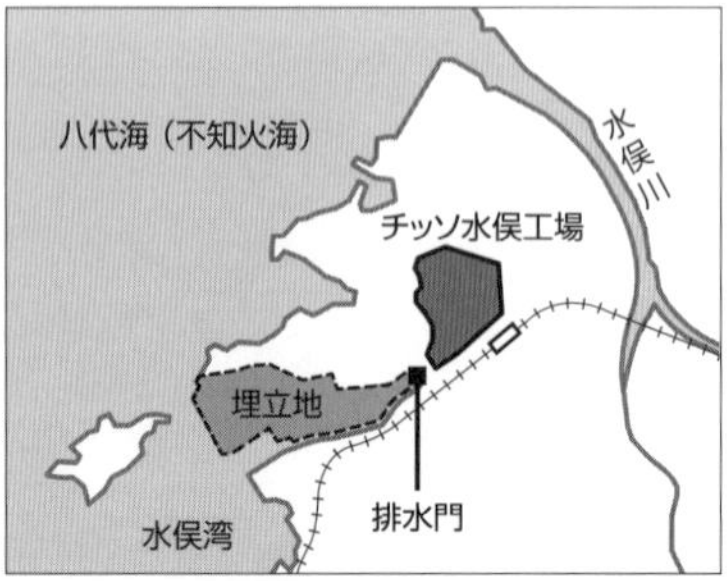

工場南側の百間（ひゃっけん）排水口より水俣湾に排水が流されていた。その後、水銀を含むヘドロがたまっていた水俣湾の一部が埋め立てられ、水俣湾埋立地（エコパーク水俣）となった。

の総体、排水全体が原因物質だと考えるべきだということです。

さらに人体に対し、危険だと考えるか、原因の判断と対策は、有機水銀など個々の物質にとらわれることなく、総体としての排出の危険性で足りる、ということなのです。これが、水俣病が公式に確認される前に防ぐことができたといえる唯一の理論です。

ついでに言うと、排水だけが水俣市民を苦しめたわけではありません。チッソの工場からの煙、煤塵《ばいじん》降下量は、当時日本一だった川崎を超えています。亜硫酸ガス濃度も、大気汚染公害で裁判になった四日市より高かったのです。

加藤邦興先生の見事な解明

もう一つ重要だったのは、水俣病を発生させた真の原因は国の産業政策にあることを立証することでした。

チッソ側は、有機水銀が水俣病の原因になるなんて「到底予想できなかった」と主張し続けました。予見可能性はなかったということですが、「そんなことはない」と教えてくれたのは加藤邦興先生[*9]でした。当時東京工業大学助手で、私たちに助言・指導をしてくれた専門家です。

＊9　加藤邦興（かとう・くにおき）　1944〜2004年。大阪市立大大学院教授。専門は科学社会学・科学技術史。

予見できなかったどころか、戦前の1921年に発表された研究者の論文にアセトアルデヒド製造工程の中で、有機水銀が生成される事実が指摘されていたのです。おまけにそれを実証した研究をチッソの社員が行なって、博士号まで取っていました。これには驚きました。西田工場長は、私の再尋問に、とうとう有機水銀が製造過程で生成されることを認めました。

国も有機水銀が出るのを承知のうえで、国の産業政策として、化学産業を振興し、企業もそれに従って操業してきたという構造的な問題が、水俣病を生み出したのです。この点の国の責任を法廷で見事に解明してくれたのも加藤先生でした。

1980年に提訴した水俣病第3次訴訟は、国の認定基準の誤りを明らかにすることと、被害拡大の防止を怠った国の責任を問う裁判でした。加藤先生の解明で、国が総力をあげて、なぜ一私企業のチッソを擁護したかが明確になったのです。

当時、石炭やカーバイドを原料にしていた化学工業は、石油への転換を求められていました。化学産業全体の中で生き残るためには、資本を増やし、生産を拡大する必要がありました。このため、チッソは無理な増産を続けました。この増産体制によって、当然有機水銀の排出量も増えます。そんな中で、水俣病の原因がチッソの排水だと認めることは、操業停止など大変な事態になります。同業者の石油化学への転換にも致命的な影響を与えることになります。国と化学工業会が一致して原因究明を妨害したのもそのためでした。水俣は国の高度成長政策、産業政策の転換の「いけにえ」だった、という指摘でした。国はけっして、チッソ一私企業を守ったのではなく、国自身の産業政策を守ったのです。

「国が判決で負けた最大の要因は、加藤さんが証人になって、石油化学政策と水俣病の関係を証言したからだ」と、ある訟務検事[*10]に言わしめた、加藤先生の見事な解明でした。

矛を収められない理由

水俣病の第1次訴訟で、加害企業のチッソに対し、私たちは完膚なきまでに勝ちました。チッソはさすがに控訴を断念し、被害者救済を行なうことを誓約しました。その結果、1次訴訟のあとの1973年に、チッソと被害者の間で約束ができます。その内容は、裁判をした原告だけでなく、それまでに認定された患者も救済する、さらにこれから先に認定される患者についても、全部同じ被害者救済措置を取る。全認定患者を救済するという画期的な約束です[*11]。

その救済の中身は、大きく3本の柱になります。

第1に、必要な医療は、安心して全部受けられるという治療費の全額負担です。水

＊10　訟務検事
国の代理人として民事訴訟や行政訴訟の裁判を担当する検事。法務省や地方法務局に所属して裁判活動を行なう。判事と検事の交流（判検交流）によって裁判所から出向した裁判官や、任期を定めて任用した弁護士も訟務検事を務めている。日弁連などは、この交流は、癒着やなれ合いを生み、公正を損ねるとして批判している。

＊11　水俣病の補償協定
1973年7月、患者団体とチッソの間で補償内容が締結されたことをいう。1600～1800万円の補償金のほか、年金や医療費、介護費、温泉治療費をチッソが支払うことになった。

保病患者たちの住むところは、八代海を囲むように島がたくさんあるので、離れ島から病院へ行く手段を尽くすこと、病院の治療だけでなく、針きゅうやマッサージの治療費も一定の回数を認め、温泉療養も年20回まで認めることになりました。

第2に、治療を受ける前提として、安心して生活できる、終身にわたる生活保障（年金）を生涯にわたる支払いです。子どもさんたちが就学したいときに、お金がなければ、就学援助金を出すということも認めています。

第3に、原告が裁判に勝った金を支払うということ。つまり慰謝料です。これはお詫びの金に過ぎないもので、これだけで被害者救済が終わったなんて思うな、と注文をつけました。

おそらく1次訴訟でこれだけの成果をあげた裁判例は珍しいのではないでしょうか。ですから、この成果をあげた1973年の時点で、私たちのたたかいは終わったといってもよかったわけです。実際、被害者の要求は解決したということでたたかいをやめたという例はたくさんあるのではないでしょうか。

ところが、私たちはそこでたたかいを終わりにすることができなかったわけです。認定された「被害者」の背後にはたくさんの患者が隠されていました。チッソの圧力によって、公然と名乗り出ることができない。名乗り出たら村八分になる。就職もできない。結婚もできない。徹底した差別がつきまとう。そんな状況を私たちは身を

1次訴訟の判決公判の日に演説をする原告団代表の渡辺栄蔵さん。「裁判は勝利だ。だが体の苦しみはまだ続く」と訴えた。（撮影：北岡秀郎『不知火の詩』〈北岡秀郎、反公害月刊紙「みなまた」発行委員会 1982年〉より）

持って知っていたからです。

ですから私たちは、患者の掘り起こし検診[*12]を徹底してやりました。しかし、新しく出てきた患者を、国がどうしても認めようとしません。国は、これが水俣病だと言っている症状の基準[*13]を持っていて、その基準に合わないと水俣病患者と認めなかったのです。その認定基準が間違っているといって起こしたのが、第2次訴訟です。私たちは、チッソを相手に未認定患者を「被害者」と認めさせる裁判をやったわけです。そもそも、水俣病患者は、国によって認定されたから水俣病になったのではありません。チッソの排水による汚染を受けたから水俣病になったのであり、その被害者救済をチッソが行なうべきであることは、国の認定の有無とは関係ないのです。

この2次訴訟も圧勝しました。ところがチッソは控訴しました。しかし控訴審でも一審を上回る成果をあげて勝ち、水俣病の病像をはっきりさせることができました。

司法と行政の判断は別と言い放った国

当時の担当官庁は環境庁（現・環境省）でした。長官は当時石本茂さんという看護師をされていた女性でした。石本環境庁長官は、チッソに対して上告を断念させました。この判断によって、水俣病のこれまでの診断基準が間違いで、不当に患者を切り

*12　水俣病掘り起こし検診
潜在している水俣病患者の掘り起こしのために熊本県民主医療機関連合会（熊本民医連）の医療スタッフなどが市民と協力して行なった患者救済の検診活動。

*13　水俣病認定基準
1977年に環境庁（当時）が示した基準（昭和52年判断条件といわれる）で、感覚障害や運動失調、視野狭窄、聴力障害などの症状が組み合わさっていることを必要とした。このため、多くの患者が切り捨てられた。2004年10月関西水俣訴訟で最高裁は感覚障害だけの水俣病を認めたが、国は、77年の判定基準を改定しないできた。最高裁は2013年4月にも、症状が組み合わさっていなくてもよいとしたが、国は基準を変えていない。

捨てていると認めた高裁の判決が確定したわけです。
「環境庁長官が、チッソに対してそこまでおっしゃったわけですから、当然患者の認定基準を変えてくれますよね」。私たちは環境庁にそう迫りました。ところが、環境庁の担当者は何と言ったでしょうか。「司法判断と行政判断は別です。だから認定基準は改めません」と。

つまり、判決なんか従う必要がないと、国が言い放ったわけです。確定判決にも従わないとは、加害企業以上に悪質で無法者ではありませんか。国ぐらい悪質な組織体はないと思わされました。

そうまで国が居直るなら、と国を相手に起こしたのが第３次訴訟です。いわゆる国賠訴訟です。国を相手に国の責任を問う裁判を起こしたわけです。

この裁判も一審で完膚なきまでに勝ちました。ところが、国は判決に従わず、控訴しました。私たちは、そこで重大な教訓を学んだと思っています。つまり、国にあるいは加害企業に、きちんとした救済措置や被害防止策を取らせるためには、判決に勝っただけではだめなのだと。

ちなみに、この判決は、『判例時報』[*14]という法律雑誌に紹介されています。私たちは、国に勝ったことが大見出しの最初になると思っていたら違っていました。最初の見出しは、水俣病の病像について、国が中枢神経と脳を侵す病気だとしていることに

＊14 『判例時報』
株式会社判例時報社刊。月３回発売。通号第１２３５号（臨時増刊 昭和62年8月5日号）「熊本水俣病民事第三次訴訟第一陣第一審判決」

対して、判決は全身を侵す病気だと認定した、というものでした。編集者の見識の高さを思いました。

この裁判の後、一審判決だけでは国は従わないのではないか。最高裁の判決をとるべきだとずいぶん言われました。マスコミもいっせいにそう書きました。しかし、私たちはそれは違うと言いました。最高裁の判決で勝ったといって物事が解決するわけではありません。

それが見事に立証されたのが、関西水俣病裁判です。このときは最高裁で勝ちましたが、国はこの判決の病像の判断について、いまだに恐れ入りましたとは言いません。無法者である国の立場から言えば、司法が認定した病像は間違っているということです。

私たちは、その無法な国の態度をただすために、第4次訴訟として「ノーモア・ミナマタ」訴訟を起こしました。国のとんでもない態度によって、まだたくさん被害者が苦しんでいると、国民に訴え、理解と共感を得る活動を、被害者を先頭に運動しました。裁判所に認めてもらわなくとも、自分たちの力で被害者の救済を勝ちとることができると考えていたのです。その結果、国会で水俣病被害者の救済特別措置法が2009年に成立しました。しかしこの法律も不充分さを残しているため、さらに第2陣が提訴され、たたかいは続けられているのです。

「行政の根幹」か「国民主権の根幹」か

水俣病の認定基準をめぐる裁判の中で、当時、環境庁の官僚が言い放ったもう一つのせりふは、「行政の根幹にかかわる」です。官僚がすべての物事を決めるということです。官僚も官庁の縦割りの中にいますから、隣の官庁の官僚が、別の官庁の管轄に関与することは絶対に許さないものです。「わが縄張りのことは、自分で決める」ということです。まして国民が関与するなんてとんでもない。絶対に許さないと考えています。

私たちから言わせれば、官僚にすべてを任せるなどというのは、国民主権の、それこそ根幹にかかわることです。国民の声を聞け、国民の声に従って仕事をしなさい、それが官僚の仕事だというのが私たちの立場です。被害者救済の認定基準をめぐって、私たちと官僚のこうしたせめぎ合いは、いまも続いています。

私たちが当時、空理空論ではなく、実行できる方法として先鞭をつけようと提案したのが、「司法救済システム」です。裁判所を仲立ちに当事者が話し合い、患者の救済策を出そうという提案です。この結果、熊本県とチッソと私たちが話し合って解決案が合意に達しました。この解決案を国がのみさえすれば、認定基準の問題は一発で解決したのです。ところが、国は拒否しました。

このため、3者で合意し、解決案を生み出した「司法救済システム」がいわば流産しました。国がこの解決案をのんでいたら、わざわざ裁判をすることもなかったし、患者は救済されたのです。

なぜ、国は拒否したのでしょうか。答えは一つです。だれが決定権を持っているかです。国からすると、判断し、決定するのはあくまで行政（国）でなければならないからです。これが、国のいう「行政の根幹」なのです。

私たちは、和解も求めましたが、国は「和解に応じられない」と言い続けました。国の根幹が揺らぐからです。私たちの司法救済システムは、まさに国の根幹に触れたわけです。官僚は決定権を絶対に手放そうとしないという現れです。

認定基準を変えれば患者は救済されるか？

患者の救済には、認定制度があり、認定されなければ、何らの救済もされません。つまり認定制度があるところには、かならず切り捨てられる患者がいるということです。

認定基準を変えればいいじゃないかという意見があります。たとえば手足の末端に

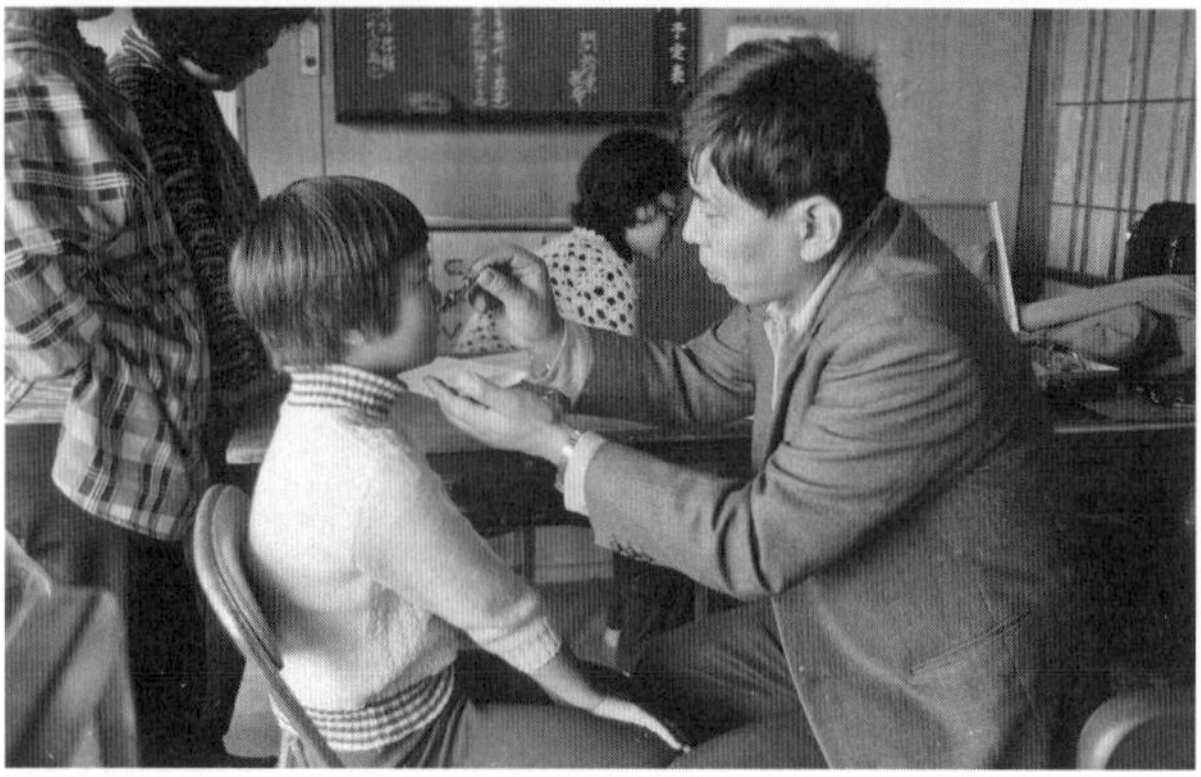

桂島（鹿児島県）で検診をする藤野医師
（1979年ごろ、撮影：松田寿生）

感覚障害があり、一定の有機水銀汚染を受けたと認められる人は、水俣病であると、認定基準を変えたとします。それで救済されるかというと、されません。

いまの認定制度を前提として環境省丸抱えの医者が検診する限り、症状があってもその病状を認めようとはしないのですから、結局患者は救済されません。認定基準の問題を議論することは、むろん重要ですが、認定基準を変えたからといって物事が解決するなんて思ってはいけません。それは、最高裁でよい判決が出たから世の中もやがて変わるだろうと思っているのとおなじです。認定基準が変わっても、医者が症状を認めないのですから変わるわけがないのです。

第2次訴訟で、藤野糺《ただし》*15先生ら県民会

*15 **藤野糺**（ふじの・ただし）　1942年生まれ。水俣病の掘り起こしを進める「水俣病訴訟支援・公害をなくする県民会議医師団」団長、水俣協立病院名誉院長。熊本大学医学部神経精神医学教室に入局したばかりの1970年3月、当時、教室の主任教授だった立津政順教授の診察補助員として水俣病患者の診察を開始する。同年6月より活動をはじめた県民会議医師団（正式な発足は1971年1月）に参加。1974年1月、水俣診療所を設立。同年から79年にかけて、鹿児島県出水市沖にある桂島で水俣病の実態を明らかにするために疫学調査を実施。水俣病はないとされていた桂島の住民に水俣病特有の症状が多く見られ、「四肢末梢優位の感覚障害だけでも水俣病」という診断基準を確立。それは多くの裁判所で支持されただけでなく、政府の被害者救済策の救済基準となった。1978年に診療所から発展した水俣協立病院を拠点

議医師団の確立した病像が文句なしに認められています。2次訴訟で負けたチッソは上告しませんでした。先にも紹介しましたが、当時の環境庁長官が上告を止めたからです。それなら判決に従って、認定基準を改めるのかと、環境庁をつめたらその答えも「ノー」。「行政と司法は違います」と言って、平然としています。国が確定判決に従わないというとんでもない無法な話です。私たちは歯噛みする思いでした。しかし当時はどうする力も私たちにはありませんでした。だから第3次訴訟で、それを打開するだけの力をつけたいとがんばりぬくことになるわけです。

譲ってはならない一線

私たちも官僚とは逆の立場から、ここは譲ってはならない一線だったわけです。被害者である患者が決定権を持つのだと。逆に言えば、私たちが国の決定権を打ち破らない限り、水俣の被害者を最後のひとりまで救済することはできないのです。

裁判で加害者だと認定された国が、「お前が被害者かどうか判断する、救済内容もおれが決める、黙って従え」と言っているのです。何で従えますか。国は加害者です。加害者の言うことに何で被害者が従わなければならないのですか。だから話し合いの場として司法救済システムを提案したのです。物事の道理ですから。それが国に

に、不知火海沿岸の一斉検診など、汚染地域の水俣病患者の掘り起こし検診の先頭に立ってきた。

は通じなかったのです。

ではどうするのか、という問題が残ります。

私たちは、水俣病の被害者は、最後のひとりまで救済すると言っています。そのためには、不知火海沿岸住民のいっせい検診は欠かせないと考えています。それは、早く実現する必要があります。

藤野先生ら医師団の検診の正しさは、裁判所も認めているところです。それは地域の全住民を診ているという実績があるからです。

ただし、国、県、チッソのお手盛りの医師団に検診させてはなりません。もうすでに検診してあるという地域で、患者がいなかったとされる地域を藤野先生たちのグループが検診したら患者が出てきました。藤野先生が言われる「悉皆《しっかい》調査」で、徹底した全住民の調査が必要だと思っています。

沿岸住民20万人が被害者

私たちは、少なくとも不知火海沿岸住民20万人が全員被害者だと言ってきました。多かれ少なかれです。

三重県四日市市で認定審査会の会長だった吉田克己先生[*16]をお呼びして証言していた

＊16　吉田克己（よしだ・かつみ）　1923年生まれ。三重大学名誉教授、三重県公害センター所長。四日市公害の調査を行ない、大気汚染と喘息との因果関係を立証した。著書に『四日市公害――その教訓と21世紀への課題』（柏書房）など。

だいたことがあります。四日市大気汚染[*17]の認定制度の運用と水汚染の水俣市を比べると、いかに水俣市の運用がおかしいかを話してくれました。

法廷でチッソの代理人が反対尋問します。「魚一匹食べても水俣病の被害が出るんですか」と。先生は、「そうです」と平然とおっしゃいました。私たちはどよめきました。先生はさらに「こういう話を思い浮かべてもらえませんか」と言ってこう話しました。

「ぽんと小石を投げたら、家の障子の隅がちょこんと破れた。家の機能がどうかなったかというと、それはどうもなっていないですよ。だけど、障子の隅が破れたという事実はあるんですよ。だから細胞レベルで話したら、魚一匹だって破壊されていますよ」と。

これは非常にわかりやすい話だと思って聞きました。裁判所も納得したんですね。非常に納得した判決を書いていましたから。

ですから、程度問題はあっても、20万人の被害が出ています。すると、どこまでが被害者というべきかという問題があります。いまは、とりあえず、医師団が出している基準があります。しかしこれも、あくまでとりあえず出した基準であって、いろいろな被害のレベルを考える必要が出てくると考えています。私は環境ホルモンの被害者が絶対いると思っています。そういうことになってくると、被害の質も変わってく

＊17　**四日市大気汚染公害**
日本初の石油コンビナートが建設された四日市市で1960年代、原因不明のぜんそく患者などが続出。当時三重大学医学部の吉田克己教授らが調査を行ない、大量の亜硫酸ガスや二酸化窒素、二酸化炭素など大気汚染が原因であることが判明した。四日市公害裁判は、四大公害裁判の一つで、三重地裁四日市支部は1972年、被告企業6社に8800万円の損害賠償を認めた。被告側も控訴せず、県知事、市長も行政責任を認めて住民に謝罪、一審で決着した。公害認定患者だけで約1000人に及び、200人以上が小中学生など子どもの被害が大きかった。

るわけだし、救済内容もきちんとした議論が必要になってくると考えています。

国と加害企業チッソの深い関係

企業が、国の法律や基準に違反して、国民に大きな被害をもたらせば、操業は一発で止まります。問題は基準違反、操業違反がなければ、操業が止まらないことです。

水俣病の場合は、1956年に公式患者が確認されてから、チッソの設備が止まったのは、1968年です。しかも操業を止めたのは国ではありません。経済的にもうこれ以上操業しても引き合わなくなったからです。この時代には、製造方法が、カーバイト電界＝電気化学から石油化学に転換されていて、日本中から問題のアセトアルデヒド工場は一つもなくなっていました。チッソにとって、この装置の停止は痛くもかゆくもなかったのです。

国内の製造方法の転換が完了したのを受けて、1968年10月、国は水俣病の原因はチッソの廃水にかかわる有機水銀だと認め、新潟水俣病も昭和電工の排水による有機水銀と認めたのです。

1970年1月に水俣弁護団が裁判所と一緒にチッソの検証をしたとき、さらに驚かされたことがありました。私たちが問題のアセトアルデヒド装置の写真を撮ろうと

戦前の宮崎県延岡市にあった日本窒素火薬製造工場の姿をうつした絵葉書

したら「企業機密だから撮影禁止」と言うのです。すでに廃業が決まった装置に秘密はないだろうと迫ったら、「この装置は丸ごと東南アジアに輸出が決まっているからだめだ」と言うのです。

国内で老朽化した「問題の設備」を輸出した例はほかにもあります。けっして昔話をしているわけではありません。東京電力の原発事故にもかかわらず、原発輸出を政府・財界あげて推進しようとしているではありませんか。

そもそも戦前チッソが大きく発展するのは、アンモニア合成において空中窒素固定法という技術の導入に成功したことです。チッソは当時、日本窒素肥料株式会社という社名だったことからもわかるとおり、肥料会社でした。硝酸を原料にして肥料＝硝酸アンモニウム（硝安）を生産していました。

硝酸はもともと火薬の原料です。ですから、民間技術のように見えるチッソの技術は、軍事技術と一体であり、戦前のチッソは軍需工場でもあったのです。当時のチッソの工場には、憲兵*18が常駐していました。

チッソの創業者・野口遵*19は、海軍と組んで、海軍の秘密特許を取得します。とりわけ人造石油の製造技術が重要です。それは戦後のチッソのドル箱技術になりました。アセトアルデヒドから塩化ビニールや酢酸ビニールへと展開した技術です。こんにちでは液晶技術、一時はその90％以上をチッソが独占しています。世間では、チッソは

＊18　憲兵
軍隊内や軍隊と関係のある犯罪の取り締まりや思想統制を行なった特別の軍隊組織。1881年に憲兵条例で正式に発足。戦前の天皇制軍部独裁体制を支え、思想弾圧と海外侵略の先兵の役割を果たした。特高警察と共に国民の思想統制をほしいままにした。占領地では民族解放運動を抑圧するなど、「憲兵政治」を行なった。

＊19　野口遵（のぐち・したがう）
1873〜1944年。帝国大学工科大学電気工学科卒。1906年設立した曾木電気と、1903年設立したカーバイト製造事業を合併して、1908年日本窒素肥料を設立した。1923年世界初の合成アンモニアの製造に成功。これを機に合成繊維や、化学薬品をつぎつぎ製造するようになる。旭化成、積水化学工業、信越化学工業などの事実上の創業者になっている。

倒産寸前で国によって支えられる企業のように思われているかもしれませんが、大儲けしている企業です。

水俣病を引き起こしたのは技術か

戦前のチッソは、「技術のチッソ」と称されるくらい、日本の化学工業の中で最高峰の技術を持っていました。当時、東大の応用化学の首席卒業生は、チッソに就職するのが当然視されていたほどです。水俣病裁判で、私が証人尋問した西田栄一工場長もその代表です。

そこから派生して「水俣病を引き起こしたのは、チッソの技術だ。軍事技術を根底とした安全性と人命を無視した利益重視の技術だからだ」という議論が、一部の科学史研究者やチッソ労働者から主張されました。しかし、私たちは、それは間違っていると考えます。

原因がチッソの技術というなら、昭和電工による新潟水俣病はなぜ起きたのでしょうか。水俣病は、カナダの工場でも起きています。[*20] 日本では1970年代に化学工業・ソーダ産業で第三水俣病といわれる状況が生まれ、日本中がパニックになったことがあります。これらを見れば、チッソ独自の技術で引き起こされたものでないこと

＊20　カナダ水俣病と世界各地の水銀汚染
　1970年代、カナダ・オンタリオ州のパルプ工場を併設した苛性ソーダ工場から排出された無機水銀が有機化し、下流の先住民居留地で有機水銀中毒が報告された。その頃、中国・松花江流域（吉林省〜黒竜江省）でも、アセトアルデヒド工場から流れ出たメチル水銀および無機水銀による土壌汚染の影響で住民たちに水俣病の症状が現れた。また1990年代以降にはアマゾン川流域やフィリピン・ミンダナオ島で金採鉱で利用した金属水銀による水銀中毒が確認されている。ほかにも、ベネズエラ、ブラジル、タイ、インドネシア、タンザニア、フィリピンなど、世界各地で水銀汚染事件が起こっている。

は明らかです。確かに人命無視の技術の問題はありますが、それは、本質的な原因ではありません。水俣病を発生させた根本は、日本政府に支えられた独占大企業が、住民の命を無視して突っ走ったことだと私たちは考えています。

水俣病に限らず、全国各地で起こった公害問題は大きな時代の転換の中で起きた問題だと思います。たとえば、水俣病の責任はいつから認められたのか？　私たちは1956年からと考えますが、最高裁の判決は1960年です。筑豊じん肺の裁判でも、1960年の旧じん肺法成立までに有効な粉じん対策を講じなかった国の責任を認めています。*21

1960年は安保闘争、三池闘争の年です。エネルギー源が石炭から石油へ大転換し、四日市石油コンビナートが動き出した年です。チッソは石油化学への転換が遅れ、第1次の石油化学コンビナート建設に参加できなかったため、遅れを取り戻し、利益を確保するために、無茶苦茶な操業が行なわれたのが、1956年から59年でした。水俣病がひどく広範に発生するようになったのもこの時期です。

技術問題を水俣病発生原因の根幹としないのは、このような企業と国家の政策の密着性があるからです。ちなみにチッソが石油コンビナートに進出したのは1962年、千葉県五井地区（市原市）のコンビナートでした。

2012年から私たちは、九州電力玄海原子力発電所を再稼働させない訴訟を起こ

＊21「筑豊じん肺訴訟」の上告審　2004年4月27日、最高裁第3小法廷、藤田宙靖裁判長。

しました。この問題についても、「1号炉は設置以来30年を超えた老朽設備だから問題だ」とか「3号機のプルサーマル燃料が問題だ」といった技術論に入りこんではだめだと、私は考えています。小手先の技術にこだわらず、本質をとらえて考えないと「廃炉」に持ち込むのは難しいでしょう。

水俣病の場合も、新潟水俣病ではどの物質が病気にかかる原因かについて、徹底して技術論で詰めていきました。チッソ水俣を相手にした私たちの裁判では、チッソの排水問題、いわゆる「汚悪水」を問題にしました。しかし私たちは、排水中のどの物質が原因だとかという問題には深入りしませんでした。

第8章

有明訴訟「居直り強盗の論理」に怒る

諫早湾干拓事業で漁業被害に泣かされてきた漁民が「よみがえれ！有明」訴訟を起こした。弁護団は、佐賀地裁に工事差し止めの仮処分を求めたが、国は干拓事業がすでに「9割5分完成しており、いまさら止めても被害を止めることにはならない」と反論した。

「それを居直り強盗の論理というのだ。恥を知れ」と、馬奈木弁護士が論難した。地裁では原告が勝訴し、工事は中止されたが、国が抗告した福岡高裁は、地裁決定を認めなかった。国を勝たせるべきだと信じている裁判官に「被害者も国民世論も許さない」ことをどうわからせていくか……。

工事差し止めを求めて訴えを起こす

有明海沿岸は4県にまたがっています。長崎、佐賀、福岡、熊本です。このうち長崎は諫早湾干拓事業[*1]の地元で、事業推進県です。長崎の県漁連（県全体の漁協の連合体）も事業推進です。ですから最初の裁判は、福岡と佐賀を中心に起こしました。

まず、佐賀地裁に工事差し止めの仮処分を求めたのですが、そのときの国の反論はこうです。「だって、事業は、9割5分完成したんですよ。いまや残りの工事は陸上の工事がちょっとだけです。みなさんがいう漁業被害はすでに終わった工事で起きているわけでしょう。いまさら、工事を止めたって漁業被害を止めることにはならないでしょうが」と。

私はこの論理を法廷で聞いたとき、怒りがこみ上げてきました。私は法廷で、農水省の役人に怒鳴りました。「それを日本では、『居直り強盗の論理』というのだ。恥を知れ」と。

「いま起きている被害は、回復しなければならない。権利侵害は止めなければならない。これは近代市民法の大原則です。他人の権利を侵害したら、その侵害しているものを除去しなければならない。それを物権的請求権、妨害予防請求権、妨害排除請

＊1　諫早湾干拓事業
　1950年代の食糧難時代に有明海やその支湾である諫早湾で進められてきた干拓構想を縮小して国が実施した事業。着工当時（1989年）はすでにコメ余りの減反時代だった。沿岸漁民の反対が強く、国は、水害で多数の死者が出たことを口実に防災対策に事業目的を変更して着工した。07年11月、2533億円をかけた干拓事業が完成。08年から営農が始まった。

求権というと、あなたも習ったでしょうが。イロハじゃないか。いま被害を起こしているものが、海の中にあって漁民の権利を侵害しているのだから、国はそれを撤去するべきですよ。あたりまえのことです。それをやってしまったことはしょうがない、そんな居直りがどこで許されるのか。居直り強盗の論理だ」と。

私は、これが正しいものの見方だ、法律的なものの考え方だと確信しています。国の論理はおかしい。それにのる裁判所はますますおかしい。物権的請求権はそもそもどこから生じたのか、もういっぺん勉強し直してみたらいかがかと、裁判官に申し上げたいと思いました。

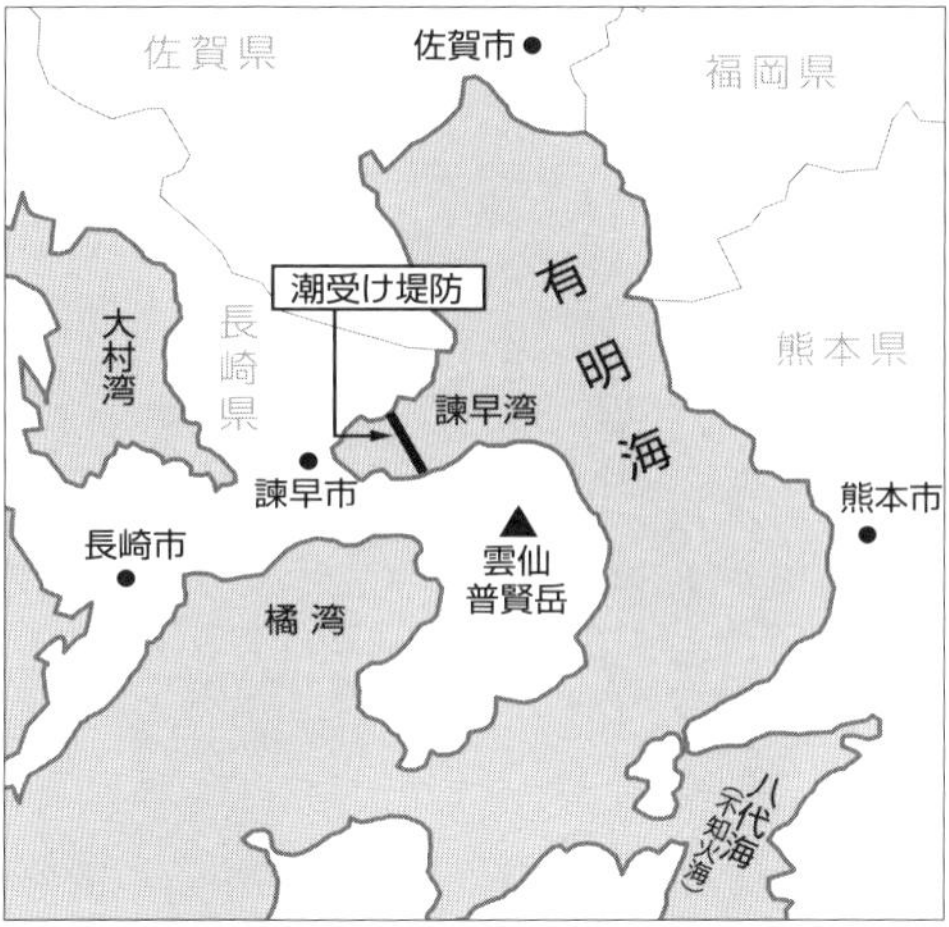

私たちは、「事業を止めることが目的ではない」と主張しました。私たちが、「諫早湾干拓事業の差し止め訴訟」とは言わず「よみがえれ！有明」訴訟と言っているのもそのためです、と。私たちの目的は、有明

海を含む地域全体をよみがえらせるために裁判をしているのだと説明しました。

ではなぜ、事業を止めるのか。このまま事業を続けたのでは、有明海を再生させることができなくなってしまうから、緊急避難行為としてまず止める。そのうえでどう再生させるか、私たちが議論すると主張しました。

その結果、一審判決で、工事中止を認める仮処分決定が出されました。佐賀地裁は、私たちの主張を聞いて、そうだよね、と納得したわけです。

裁判所は、干拓事業と漁業被害の一定の因果関係を認め、「漁業に被害が出ないように事業を見直し修正する。そのためには工事を止めることが肝要である」という表現を使いました。これが、事実と道理です。

こうして私たちは勝って、干拓事業はストップしました。「大型公共事業は動き出したら止まらない」といわれる中での事業の中止は歴史的なことでした。

何が何でも国を勝たせる裁判官

驚いた国は、直ちに仮処分の取り消しを福岡高裁に申し立てました。

福岡高裁は、干拓事業と漁業被害の因果関係を否定しなかったものの、立証不十分として仮処分を取り消しました。一審判決から9カ月間中止されていた工事が再開さ

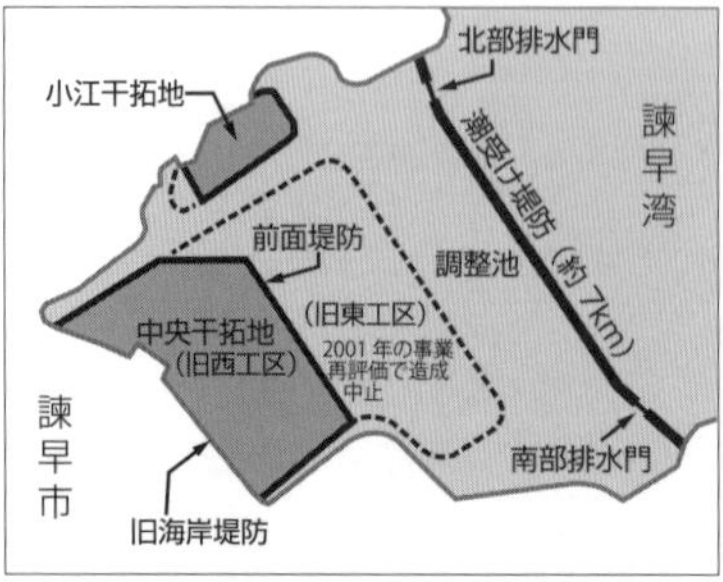

■諫早湾干拓事業周辺地図

れてしまいました。
立証不十分と言いますが、私たちは立証責任を尽くしています。立証の足りない部分は国の側が立証すべきだというのが私たちの立場です。佐賀地裁も認めたことです。

国営・諫早湾干拓事業は、諫早湾を閉め切る堤防をつくって、干拓地をつくりました。そのために有明海に漁業被害が起きたことを私たちは定性的に立証[*3]しました。干拓事業がはじまってからの全体の流れからいうと、事業による被害だと決まっているでしょうと。

一審の佐賀地裁はそのとおりだと認め、工事中止を命じる仮処分決定を出しました。ところが、抗告審の福岡高裁は、その被害を定量的に立証しなさいと、原告に要求してきたのです。つまり、どれだけ影響を与えたか、量的に証明しなさいと言ってきました。とうてい実行不可能なことを言って、私たちを負けさせたわけです。

その後、開門を求める本訴訟の中で国側の証人として出てきた研究者に、「あなたの研究で定量的に立証するためには、あと何年かかると思いますか」と聞いたら「まあ100年はかかるでしょうね」と証言しました。つまりそんなものは立証できるわけがないよ、という答えなのです。

立証できるわけのないことを立証しろと要求するのは、私たちをあえて負けさせる

＊3 **定性的立証と定量的立証**
福岡高裁の判決は、諫早湾干拓事業と有明海の漁業環境の変化について「とくに、赤潮や貧酸素水塊の発生、底質の泥化などという漁業環境の悪化との関連性は、これを否定できない」と定性的には漁業被害との因果関係を認めている。が、事業が原因だとするには、事業と、これらの環境の悪化の因果関係を定量的に立証すべきだとした。
しかし、そのためにも開門調査が求められていたのであって、その立証不足の責任を原告に求めるのは筋違いであった。

という以外の何物でもありません。

私たちが、裁判で本当に勝ちたいと思っても、判決は裁判官が書くものです。これはどうしても逃れられないことです。裁判官の中には、何が何でも国を負けさせてはならない、勝たせるべきだと思っている裁判官がいるのは、いかんともしがたい事実です。福岡高裁の判決は、私たちがそれで負けた例です。

裁判官の判断の根拠

要するに負けさせる論理も勝たせる論理も、どうにでもつくれるということです。佐賀地裁の裁判官は私たちを勝たせるべきだと思った。そこで説明の論理を道理に従って組み立てた。私たちから言わせるとそういうことです。福岡高裁の裁判官は、私たちを勝たせようとは思わなかった。そのために無理な法律構成をしたと、私たちは思っています。

特別の仮処分だから「疎明ではだめだ。通常に近い証明がいる」というわけです。私たちは、その「通常に近い証明」をしていると思っていますが、それでは足りないと、証明の程度を普通以上にあげることによって私たちを負けさせ、国を勝たせたわけです。

問題は、なぜ佐賀地裁と福岡高裁の差が出たのかということです。

私たちはこう思っています。

裁判官は紛争の解決を当然考えています。どっちを勝たせた方が紛争を解決できるか、佐賀地裁の裁判官は、私たちの方だと考えたのです。私の推測ですが。

私たちを負けさせた方がいいと考えた福岡高裁の裁判官は、負けさせた方が、紛争が解決できると考えたのでしょう。国は、漁民を黙らせることができれば、紛争は解決すると考えていますから、裁判官はその気になったのかもしれません。負けさせれば原告はしょんぼりして黙るだろう、と。

水俣病の裁判で患者たちの救済に尽力された白木博次元東京大学医学部長は、脳の病理の専門家ですが、このような判決例を「理路整然たる非常識」と言っています。いま、そういう判決が横行しています。

裁判に確実に勝つためには、そういう判決を書いたら許さないと裁判所にわからせることだと思っています。だれが許さないのか。もちろん被害者ですが、国民世論もけっして許さない。理不尽な道理に反した判決を書いたら、被害者はますます激高するし、いままで立ち上がれなかった被害者も立ち上がって、紛争はますます激化するということを目に物見せてやる必要があります。

水俣病のたたかい、じん肺裁判でも、歴史を見ればすべてそうです。手を変え品を替え、国は、どうやったら被害者を黙らせ、裁判なんかやっても無駄だと思わせることができるか考え、実行しています。国が考えている紛争解決とは被害者を黙らせることなのです。それとたたかわなければ道は開けません。

負けたら、原告をどんどん増やす

私たちは当初、原告1000人でたたかったのですが、そのうち漁民原告は200人足らずでした。高裁でひっくり返された1カ月後、私たちは漁民原告を5倍の1000人に増やして追加提訴しました。原告の総数は、2000人を超えました。福岡高裁のとんでもない決定に漁民は怒ったんだという抗議の意思を示したわけです。

もちろん1カ月で1000人の追加提訴ができるわけはありません。前から追加提訴を準備していたからできたことです。原告を増やすという方針は、負けたからといって変わることはないわけです。負けたら余計腹を立て、ますます力を大きくする。こぶしがもっと高くあがるという状況をつくっていくことが大事なことだと思います。

私たちは、公害等調停委員会（公調委）にも、干拓事業と被害の因果関係をはっきりさせてくれと申し立てをしていたのですが、これは楽勝だと思っていました。なぜそう思ったのかというと、公調委が選んだ専門委員の先生方が出した意見書では、一部については明確に因果関係を認めていたからです。ですから、公調委の決定でもその部分だけでも因果関係を認めるに違いないと高をくくっていました。

しかし見事に肩透かしを食らいました。私たちは負けました。公調委は定量的立証はされていないという福岡高裁の判決を追認し、私たちは負けました。福岡高裁が平然と私たちを負けさせたのは、なるほど、公調委でもひっくり返ることはないとわかっていたのだ、と納得しました。

しかし、納得ばかりしていてもだめなので、公調委の決定の後、抗議の気持ちを込めてさらに５００人の追加提訴をしました。この数字を達成できたのは、干拓事業の推進県である長崎でも原告が１００人を超えたからです。数だけ見れば簡単なように見えますが、とくに長崎の漁民が原告になるのは、大変なことなのです。

長崎は干拓事業の推進県です。干拓事業で、漁で生活できなくなったので、漁民は、自分の職業を奪った干拓事業の仕事で日銭をもらって生活するような状況になっています。ところが原告になれば、干拓事業の仕事がもらえない。干拓事業に従事すれば、さらに海の環境を悪くし、仲間の生活を追い詰め、破たんさせていく。それしか生きていく道がない。不条理な話です。

ノリ養殖業者らによる海上抗議デモ（2010年1月7日「よみがえれ！有明海・国会通信第80号」より）

諫早湾干拓問題でコメントを求められる馬奈木弁護団長
(2012年5月25日、熊本　撮影：松橋隆司)

しかし、一枚岩の推進県といわれている長崎県の中で、こんなにたくさんの漁民が反対していることをこの追加提訴で示しました。高裁で負け、公調委で負けても、漁民はがっかりしているどころか、ますます紛争は拡大していることを形で示したのです。

つまり、私たちを負けさせたら、被害者が許さないだけでなく、国民世論も許さないという非難の行動に全力をあげました。私たちの勝ったときは、テレビのニュースでも一紙の例外もなく、判決が正しいと報道され、全国的に支持される状況をつくり出しました。

そして、2002年に提訴した、「開門請求本訴」第一審の佐賀地裁で私たちは勝ちました。国は控訴しましたが、2010年に福岡高裁でも勝ち、当時の菅直人首相が上告断念し、潮受け堤防排水門の開門が確定したのです。

第9章

国を断罪した制裁金支払い決定

開門を命じた確定判決から3年半が過ぎた。しかし、「ただひとつの希望の光」と漁業者たちが願った開門は、いまだ実現していない。

開門に必要な対策工事のため、国には、3年間の猶予が与えられた。しかし国は、開門反対派が話し合いを拒否していることなどを理由に、開門準備作業を怠り続けた。

2013年11月、長崎地裁は、開門に反対する農業者が提訴した開門差し止め仮処分を認める決定を出した。国は、福岡高裁と長崎地裁、相反する決定を理由に、開門期限の12月20日を過ぎても開門を実施しなかった。

確定判決を国が実行しない。この前代未聞のできごとに、佐賀地裁は2014年4月11日、有明訴訟弁護団が申し立てた制裁金に関する間接強制を認定、国に対し支払いを命じた。

馬奈木弁護士はこの日の報告集会で、この決定の大きな意義を強調した。

うれしいあたりまえの決定

確定判決を守らないという憲政史上前代未聞の異常な、とんでもない国の態度が、断罪されました。確定判決に従わない国に対して、制裁金の支払いを求めた間接強制[*1]を佐賀地裁が認めたのです。

裁判所は、国に対して2カ月の猶予を与えました。この決定の翌日から2カ月以内に開門し、5年間継続せよ、開門しないときは、国は漁業者ら49人に、開門を履行するまで一人1日1万円ずつ支払えという判決です。

1万円という金額は、少ないと思われるかもしれませんが、国が開門を履行する気がなければ、どんどん上がっていく金額です。ですから私たちは、この金額にこだわっていません。要は、国の言い分が断罪され、理不尽なことをしたということがはっきりした。これがいちばん大事なポイントです。

きわめてあたりまえなことが決定されたのですが、この決定はやはりうれしいことです。いまの日本は、あたりまえのことがあたりまえではなくなってきています。憲法なんて守らなくていい、閣内で勝手に憲法を解釈してもいい、確定判決なんて守らなくていい、政府がそう公然と言ってのけているではありませんか。

＊1　間接強制

裁判所の判決など決まったことを守らない相手に対して、金銭の支払いを求めるなど、一定の不利益を与えることで心理的に圧迫し、実行させるようにする法的手段で、強制執行の一つの方法。

高裁の決定に不服がある場合は、「許可抗告」で最高裁の判断を仰ぐこともできる。今回のケースでは、国が求めていた「許可抗告」を高裁が認めたため、最高裁でも争うことになった。

そんなことは決してありません。国は憲法を守らなくてはならない、確定判決は守らなくてはいけない。守らなくたっていいなんてことが、あっていいわけがない。私たちはそう言い続けてきました。

裁判所が、「確定判決を守らなくてもいい」と言うなら、日本の司法制度は崩壊します。裁判所が司法の権威を守る判断を下さないようなことがあれば、私は耐えられないという思いで裁判にかかわってきました。

今回の佐賀地裁の決定は、司法の権威を守り、正しいことは実行されることを示しました。こんなにうれしいことはありません。

開門する気のない国を断罪

国はこれまで、開門準備の作業ができない理由[*2]として、「反対者がいて実行できない」と言ってきました。

本当にそうでしょうか。実行できない案をつくったのはだれですか。国が自分たちでつくった案じゃないですか。実行できない案をつくっておいて、実行できませんと泣き言を言う。実行できないのなら、実行できる案に変えたらいいんです。

私たちは、こうすれば実行できるという案を示して、国と話し合いに臨んできまし

＊2　開門準備ができないという国の言い分
開門による被害を防ぐための対策工事が、干拓現地農業者らにより実力で阻止されているので着手できない。また、長崎地裁から開門差し止めの仮処分がでているため、国の意思とは関係なく開門準備ができない、と主張する。

た。しかし、国は自分たちの案がもっともよい案だ、地元自治体とも話し合い、修正を加えてつくってきた合理的な案だと、間接強制に対して反論する意見書の中で述べています。

国の言うとおりなら、どうして地元が反対するのでしょう。実行できないなら、その案は合理的ではない、不合理な案に決まっているじゃないかと、私たちは指摘しました。

国は実行できないとわかり切った案を、もっとも合理的な案だと言ってきました。実行できない案が、国にとってもっとも合理的な案だということになる。つまり国は、開門する気が最初からない。

決定の骨子では、「排水門の開放義務を負っている国は、関係自治体や地元関係者の協力が得られるように誠実に交渉を継続するだけでなく、代替え工事を検討するなど可能な限りの措置を講じるべきだ」と非常に明解に指摘しています。つまり、国はやるべきことをやっていないじゃないかという指摘です。

私たちが制裁金の支払いを求めた間接強制の申し立てについて、国は「権利の乱用だ」「信義則違反だ」と言ってきました。私たちは意見書に「ふざけるな」とは書きませんでしたが、そういう気持ちをこめて反論しました。この点についても佐賀地裁の決定は明解です。

佐賀地裁が間接強制を決定し、集まった漁民らに報告する馬奈木弁護団長ら
（2014年４月11日　撮影：坂田輝行「諫早湾の干潟を守る諫早地区共同センターだより　第74号」より）

「国は、強制執行の具体的な方法や時期が、権利の乱用や信義則違反になるとする。しかし（1）漁業者の漁業行使権は生活基盤に関わる重要な権利（2）国は、漁業者側の開門請求を認めた福岡高裁判決を上告せず確定させた（3）代替え工事が実施されないまま確定判決が定めた期限が経過したため、漁業者側が間接強制の申し立てに至った――などの事情を総合すると、確定判決に基づく漁業者らの権利行使が権利の乱用や信義則違反になるとは認められない」

つまり、国は確定判決を受け入れたではないか。それを国が実行しないことによって、漁業者は生活基盤となる漁業行使権を侵害されているのだから、漁業者が権利を行使するのはあたりまえのことで、国の言う「権利の乱用」などではないと判定したのです。

２つの決定の板挟み論を粉砕

決定のもう一つの特徴点は、「開門差し止めを命じた長崎地裁の仮処分決定[*3]には、保全異議の申し立てなど法律上の措置をとることは可能で、確定判決に基づく間接強制を妨げる理由とはならない」と明解にのべ、「国の主張する事情は事実上の障害と

＊3　長崎地裁の開門差し止め仮処分決定
　仮処分は開門を差し止める理由として、国は農業用水の代替え水源として淡水化事業を進めるとしているが、①準備工事に不備がある②国は予定時期までに設置工事を完成させるというが、それに足る資料がない③開門後、排水による漁業被害がでる――などの点をあげている。有明訴訟弁護団は、①、②とも国の準備工事に関する手抜きとサボタージュが指摘されたもので、国の対応いかんで解決できたはずの問題としている③については、短期開門調査で漁業被害が出ているというが、現在も大量排水で漁業被害が出続けていることを無視しているのは奇妙で不当だとし、短期開門時の被害は論争があり、「既定の事実ではない」と指摘している。

はいえず、主張は採用できない」と判断していることです。

この判断も、法律家ならあたりまえのことです。どうしてかというと、私たちには開門を要求する権利があるからです。長崎地裁で開門を禁じる仮処分決定が出たといっても、それが私たちに対して開門を禁じる理由にはならないというのは、法律家ならわかりきったことなのです。

それを、国や大臣は、「開門をめぐる司法の相反する決定に私たちは悩んでいます」。いわばハムレットの心境だというわけですが、まったくおかしな話なのです。おかしいということは大臣も本当はわかっていると思います。開門を禁じた長崎地裁の裁判長ですら、仮処分だけでは開門を止める力はないんだと言ったでしょう。あたりまえのことですから。

それを国は、板挟みになって悩んでいるなどと、恥ずかしげもなく平然と言う。それはごまかしの論理です。国民をだます論理です。法律に詳しくない国民は、「2つの裁判所から違う結論がでたので、どちらを立てたらいいのか、なるほど国も大変だよな」と思わされるでしょう。

国は、本来なら、「長崎地裁で仮処分の決定が出たからといって、開門をしない理由にはならない。そんなことは法律上ありえない」と、本当のことを言わなければなりません。しかし国は、間違ったことを平然と言い続けています。

実際、長崎地裁の仮処分の決定が出るまでは、総理大臣も、法務大臣も、官房長官も、農水大臣も、副大臣も、「長崎地裁の決定がどんなものであろうと、開門しなければいけません。開門の義務は免れません」と言い続けてきたではありませんか。それが、長崎地裁の決定が出た途端態度を豹変したのです。

国は、開門準備を何もしないでおきながら、困った、困ったと言っているだけです。国は本音では開門したくないんです。ですから長崎地裁の仮処分のおかげで開門しないですんでよかったと思っている。

そんなことを許していていいのか、ということが司法に問われていました。今回、佐賀の裁判所がその使命を守りました。

国の抗告は恥の上塗り

国は、今回の佐賀地裁の決定には従えないと抗告しました。

私人の裁判なら抗告もあり得るかもしれませんが、国はそんなことをしてはいけません。国は、法律を守らなければならない立場にあります。確定判決を守らず、法律違反をしている、憲法違反をしているのに、さらに高裁で争うなんて恥の上塗りです。そんなことを許してはなりません。

私は、報道関係者の方々にもあえて申し上げます。国がさらに上級の裁判所で争うのが公正であるかのような記事は書かないでください。それは間違いです。争うのが当然のような記事は書かないでください。国はしてはならないことをしているのだということを、佐賀地裁の決定は明確に判断しました。それは、上級の裁判所でひっくり返るような話ではありません。

「開門の努力を続けてきた」と国は言っていますが、ふざけるなと言いたい。確定判決による開門期限までの3年間、国は何をしてきたか。これまでの経過をきちんと見れば、いかにふざけた言い草であるかは歴然としています。

国は、これ以上国民をだまし、言い逃れをするべきではありません。開門義務を履行しなければなりません。これは日本国憲法に定められた確定判決の効力であり、それに従う義務があるのは、あたりまえなことです。国は、その義務を果たさないですまそうとしていますが、そんなことが許されるわけがない。

国には、あたりまえのことをあたりまえに実行してもらわなければなりません。

漁業・農業両方の被害を防ぐために

農業も漁業も成り立つようにする。それはあたりまえのことです。その当然のこと

公害被害者総行動デーのデモ行進で、確定判決を実行し一刻も早い開門をと訴える有明海の漁民ら（2014年6月4日、東京霞ヶ関　撮影：松橋隆司）

を国はやろうとしない。長崎県知事は開門したら農業に被害が出るとばかり主張して、いま漁業に被害が出ている事実については、知らん顔をしている。国も、県も間違っています。

これ以上、国民に被害を与えてはなりません。一刻も早く開門して、いま起きている漁民の被害を除く必要があります。

長崎県知事はまず、漁民の被害救済の処置をとらなければなりません。いま、長崎県民である漁民が被害に苦しんでいるのだから、知事は、その被害の救済を真っ先に考えるのがあたりまえではないですか。

同時に、知事は国に対して、開門による農業被害が起きないように対策をとるよう要求すべきでしょう。農水大臣は、それに応える義務があります。県民も力を合わせて、被害が起きないように国に対策工事をさせる。それが当然のことです。

国は、漁業、農業の一方だけを選んではなりません。みんながよくなるように、漁業被害を防ぐ、農業被害も防ぐ。そのために開門にかかわる全体の対策をどうするか。直ちに国・県・関係者が一同に介して協議をはじめるべきです。

協議の場所は、もちろん全部の関係者が揃っている裁判所がいいに決まっていますが、裁判所がいやなら、外で協議すればよい。場所にはこだわりません。自治体も利害関係者としていつでも参加できるようにします。

開門は出発点です。到達点ではありません。みんなが良いようにカをあわせるべきです。

〔編著者注〕

福岡高裁は2014年6月6日、確定判決を履行しない国に対し、地裁が認めた間接強制の決定を支持し、1日49万円の制裁金を支払うよう命じた。国は即刻、最高裁に許可抗告と執行停止を申し立てた。最高裁は許可抗告は認めたものの、執行停止については判断を示さなかったため、執行猶予期間の2カ月が過ぎた6月12日から制裁金の支払いが確定した。間接強制で国が制裁金を支払うのは全国初、前代未聞のことだ。開門されるまで1カ月約1500万円、1年間では1億8000万円に上る税金を払うことになる。国が司法の判断を無視して確定判決を実行しないために多額の税金まで浪費するという憲政史上例のない異常な事態になった。原告漁業者と弁護団は制裁金支払いを前にした11日、長崎県庁を訪れ、県知事が「調整役として本来の責務を果たすよう」求めた要請書を提出し、早期開門を求めて市内でデモや街頭宣伝を行なった。

6・11長崎行動。県庁から鉄橋（てつばし）までを行進、長崎市民へ訴えた（「諫早湾の干潟を守る諫早地区共同センターだより　第86号」より）

第10章

強大な相手とたたかって勝つ方法

「私たちは絶対に負けない。なぜなら、勝つまでたたかい続けるから」

馬奈木弁護士の考えをもっとも特徴づけているキャッチフレーズである。そのたたかいは、加害企業や、その背後にいる国が相手である。馬奈木弁護士らのたたかいには、つねにいくつもの壁が立ちはだかる。そこには国や裁判所の思惑やテクニックがあり、それを打ち破る戦略・戦術がある。法廷外でも大衆運動を組織する必要がある。

強大な相手とたたかって勝ってきた、馬奈木流法廷闘争論である。

弁護士だけでは解決できない

私が所属している自由法曹団[*1]という団体には、いくつかスローガンがあります。それらの中身がわかると、なるほど先達は偉いものだ、と実感を持って理解できるものです。

そのうちの一つが、「人民のたたかいの歴史を学べ」。

このスローガンを北海道のじん肺訴訟の中心になっている先生に話したらいやーな顔をされました。「人民」という言葉も、「たたかいに学べ」という言葉も嫌われました。

先生は、「もっと普通の人に理解できる言葉に直しませんか」と、再三にわたっておっしゃいました。私は「いいですよ。直しましょう」と言い換えたのが「住民に教えを請おう」でした。

このスローガンには「弁護士が、頭の中で物事を考えたらいい知恵がわいてきて解決できるなんて、夢にも思ってはいけませんよ」という意味が込められています。

また、私たちが作ったスローガンに、「個人の叡智は集団の力に劣る」というのがあります。凡庸な人間でも、数が集まれば、個人よりはるかに力を発揮します。これ

＊1　**自由法曹団**
1921年結成。「基本的人権をまもり民主主義をつよめ、平和で独立した民主日本の実現に寄与する」「あらゆる悪法とたたかい、人民の権利が侵害される場合には、その信条・政派の如何にかかわらず、ひろく人民と団結して権利擁護のためにたたかう」ことを目的とした弁護士の団体。

が、私たちが集団訴訟といって強大な弁護団をつくる意味です。

一人ひとりの弁護士の力は小さくても、数が集まれば、強力な弁護団になります。それが水俣病弁護団の教訓です。

「一人の原告・一人の弁護士」はナンセンス

私は、たたかいには集団の力を結集させる必要があると確信しています。逆に、一人の原告・一人の弁護士でたたかうというのは、失礼を顧みずに言うと、「そんなたたかいはナンセンスの極み」「いまの時代、そんなたたかい方は冗談の域を超えて、犯罪に近い」と思っています。極端な言い方に聞こえるかもしれませんが、そう考えています。

過去には、朝日訴訟*2や家永教科書裁判*3といった有名な裁判があります。

朝日訴訟は、朝日茂さんが、生存権の保障を求めて、生活保護行政の抜本的改善を求め、「人間裁判」と呼ばれたたたかいでした。一審で勝ち、二審で敗訴、本人が死亡したため最高裁で訴訟終了となりました。

家永訴訟は、高校の日本史の教科書を執筆した家永三郎さんが教科書検定を憲法違反だと訴えた裁判でしたが、最高裁まで全面敗訴になりました。

*2　朝日訴訟
第一審は1960年、東京地裁で勝訴。第二審は1963年、東京高裁敗訴。翌年2月に原告が死去。

*3　家永教科書裁判
第1次訴訟、1965〜1993年。第2次訴訟、1967〜1989年。第3次訴訟、1984〜1997年。

私は、この2つの大変残念な結果にある問題意識を持っていました。なぜ原告がひとりなのだろうかと。

20年くらい前ですが、私の弁護士活動の師匠に当たる諫山博弁護士[*4]が、「国賠、行政訴訟を考える」と題して、活発な討論を呼びかけていました。私の問題意識とちょうどかみ合う機会なので、あえて問題を提起しました。

朝日訴訟や家永訴訟で原告の訴えた内容は、国民のすべてに影響を与える普遍性がありました。それにもかかわらず、なぜこれらの訴訟がひとりの原告によってたたかわねばならなかったのか不思議でならなかったのです。

たとえば朝日訴訟は、生活保護費の改善を求めたものですから、おなじ問題を抱えた人びとはたくさんいるわけです。だから、そうした人たちに働きかけ、原告として組織し、どんどん追加提訴の追い討ちをかけていくたたかいが組めなかったのだろうかと思ったのです。

朝日訴訟は、「人間裁判」と呼ばれ、大衆的裁判闘争に発展しましたが、普遍的課題であればあるほど、同種の裁判がつぎつぎと提起されていく必要があったのです。ひとりの原告であれば、どうしても、その原告のもつ個別の問題が、普遍的課題とは別に大きくクローズアップされます。当然、その原告の持つ「弱点」が拡大して攻撃されます。多数の原告ならば、個別の弱点は薄められますし、課題に集中してたたか

＊4　諫山博（いさやま・ひろし）
1921〜2004年。福岡県生まれ。1951年弁護士に。米軍占領下の各種事件を担当、三井三池裁判、安保闘争を経て1962年福岡第一法律事務所を創設。馬奈木昭雄氏・小島肇氏ら気鋭の弁護士が入所した。権力犯罪を多く担当したことから、控訴権乱用論を提起、影響を与えた。日本共産党の衆院議員（1期）、参院議員（1期）を務めた。

えます。朝日訴訟は、せめて数十人の原告でたたかえなかったのでしょうか。

さらに言えば、2次、3次の追加提訴、別の場所での追加提訴と、たたかいを全国に広げる。そのためには数も力量もある強力な弁護団や、訴訟を支える強力な支援組織が必要になります。それはその当時の状況では無理だったとしても、現時点ではやろうということになれば、できるのではないかと思ったのです。

「勝つ」ための強力な原告団

最初から強力な原告団などが存在しないことは、あたりまえです。しかし、問題が国民的な課題であればあるほど、たたかいがただしく発展すれば、強力な原告団、弁護団を組織することは可能だと考えていました。もちろん、運動の広がりや、国民の共感は、数字だけで考えるものではありません。私たちは実利主義かもしれません。しかし、裁判には勝たなければならないと考えてみると、原告数が何人になったとか、被害者の会や支援の会がどれだけ増えたとか、決起集会には何人集まったかなどと、考えます。数が力になることもまた事実だからです。

水俣病のたたかいを振り返ってみると、最初のひとりから出発した被害者の会会員は第3次訴訟の終わりには3000人近くになり、2つの支部と専従事務局員が3

人、原告数も2300人、かつては6裁判所で裁判になりました。常時訴訟に参加している弁護士は全国で200人を超えていました。

強大な運動体（支援組織）をどうつくるかも大事な問題です。

裁判で、ある課題を追求したときに、その課題にとりくむことを本来の存立目的にしている大衆団体があります。労災問題なら労働組合、道路問題なら市民団体がそれに当たります。その団体が裁判にとりくむことによって、運動を発展させていくなら、同時にその組織も大きく拡大していくことにもなります。

私は、朝日訴訟や家永訴訟を例に、国民的な課題であればあるほど大衆的に裁判をたたかう必要があると強調してきました。そして、そのためにはなによりも、「強大な原告団」の組織とそれに見合う「強大な弁護団」「強大な運動体」を組織することが必要だと訴えてきました。

ただ、誤解のないように言っておきますが、当時といまは時代が違い、条件も違います。裁判に関わった原告や先生方を批判しているわけではありません。時代が違うのですから、いまの時代に私たちができていることだからといって、昔もそうすべきだったなどと言うつもりは毛頭ありません。考え方の基本を話しているだけです。

いまでは、生活保護をめぐる裁判も、私が申し上げた方向で、組織を拡大、強化してたたかうのがあたりまえになっています。

とくに、2003年度に生活保護基準が戦後はじめて0・9％切り下げられて以降、老齢加算制度や母子加算制度の段階的廃止など、生活保護水準の全面的な攻撃に抗して、集団で立ち上がりました。2005年に老齢加算削減処分取り消し訴訟が京都で提訴されたのを皮切りに、2007年までに全国8都府県で108人が提訴しました。さらに安倍自公政権の生活保護費引き下げに反対する、全国で1万人規模の集団審査請求が、訴訟も視野にとりくまれています。

力対力の激突で動いた和解協議

私たちがもう一つ掲げているスローガンは、「勝負は法廷の中では決まらない。たたかいの主戦場は法廷の外にあり」です。

国にいうことをきかせたければ、国を圧倒する以外にありません。圧倒する力を私たちがつくり出す以外にない。その力をどうしたらつくり出せるのか。この問題は、これまで私たちが鋭意努力してきたことなのです。

水俣病第3次訴訟（1980年〜）の時、熊本県とチッソは、和解のテーブルにつきました。県とチッソは私たちの意見を聞いて、私たちの意見にそった解決案を作ろうとしたのです。なぜ、病像についてまで、私たちの意見を聞く気になったのでしょうか。

これは文字どおり、力対力の激突によるものです。県と私たちが裁判所外でしたが、和解交渉を開始して、激しくやり合いました。県は「私たちを相手にしない」と言い放ちました。東京の学士会館でのことです。それなら「よしわかった」と。「私たちを無視して、物事が解決するかどうか、やってやろうではないか」ということになりました。

私たちは、そのとき1000人検診運動を提起し、水俣病の発生地域で新規患者の検診をやりました。やりましたと簡単に言いましたが、これがどれだけ大変なことか。おわかりいただけるでしょうか。

私たちと言いましたが、弁護士も含みますけど、主体は、医療関係者です。1000人を検診するためには何人の医者が必要か。その医者が、わざわざ水俣まできて検診活動に参加してくれるのか。そういう問題を乗り越える必要がありました。

藤野紀医師が率先してやってきた「悉皆《しっかい》調査」(110ページ参照)をやるわけです。藤野さんが博士号をとったのは、桂島という島の「悉皆調査」です。全住民の健康調査を実施して、対象地区での悉皆調査と比較検討する、いわゆる疫学調査です。人間の被害を明らかにするにはいちばんいい方法です。

「水俣病の前に水俣病はなかった」と原田正純[*5]医師の名言があります。「水俣病とは

＊5　原田正純(はらだ・まさずみ)　1934～2012年。熊本大学医学部で水俣病を研究、胎児性水俣病を見出した。水俣病患者の立場から徹底した診断と研究を行なった。患者掘り起しの不知火海沿岸住民調査の実行委員長。熊本大学退職後も環境公害問題を世界に訴えた。1989年大佛次郎賞、2001年吉川栄治文化賞、2010年朝日賞などを受賞。

何か」という答えは教科書に書いていないのです。現地で実際に生じていることを確かめる以外にないということです。

1000人調査は、弁護団がその気になるのが前提ですが、医師団がその気になりました。そうすると医師団に協力するスタッフが不可欠です。ですから私たちは、わざわざ病院をつくったのです。[*6] 病院をつくるためには当然、資金が要ります。その手当てもつけました。全国の医師にも呼びかけ、1000人の検診を私たちは実行して見せました。そして検診を受けた人たちを現地で組織しました。

県はそこで屈服します。つまり県は、私たちを相手にしなければ、解決しないことがわかって、方針転換したのです。

これが裁判に勝つということです。もっと正確に言い直すと、裁判に勝つかどうかはどうでもよいのです。大切なのは、被害者の要求を実現することです。そのためには、私たちはたたかう力を持たねばなりません。そのたたかう力をどうやってつくるか。それが私たちの課題です。「力を持たない正義は実現できない。力を持った正義が実現できる」。これが私たちの実感です。

＊6　水俣診療所・水俣協立病院
水俣診療所は、「水俣病にとりくんでくれる病院がほしい」という患者らの要求に応え、医療スタッフが力を合わせて1974年に実現した。その後、入院施設をという患者・家族の思いが広がり、1978年水俣協立病院が開設。以来、水俣病治療の拠点病院の役割を果たしてきた。

(提供：水俣協立病院)

国・加害企業は何をしてきたか

労災・職業病・公害で、国・加害企業がやることは、徹底した原因隠し、被害隠しです。

原因の究明を徹底して妨害する。御用学者も使って原因をあいまいにし、惑わせる。究明された中身については、徹底して隠蔽する。徹底して被害を隠し、被害の全体像が目に見えないように懸命の努力をする。これが国・加害企業がやってきたことです。

「よみがえれ！有明」訴訟の裁判でも、水俣病で国が使った同じ手口、テクニックが出てきます。私は「どこかで見た光景だよね」と皮肉を込めて、法廷では何度も指摘しています。

まずは因果関係のごまかしです。水俣病の場合をふりかえってみましょう。

1959年に有機水銀説が熊本大学から出され、厚生省食品衛生調査会水俣食中毒特別部会からも出されるのです。国のお膝元の厚生省から有機水銀説が出てきたからびっくり仰天したのでしょう。食中毒特別部会は翌日解散させられます。

同じことが40年後の諫早湾でもありました。諫早湾干拓事業の影響を調べるために短期と中長期の開門調査が必要だと提言したノリの第三者委員会*7が解散させられたのです。新たに農水省の官僚OBだけの委員会を設置して、開門調査しても何もわからないと報告させ、第三者委員会が提言した開門調査をさせないようにねじ曲げました。結局、農水省は1カ月弱の短期調査をしただけで中長期の開門調査を実施しませんでした。当時の農水大臣が頭を下げて農水省自身が設置した第三者委員会の提言をこうして葬ったわけです。

原因の究明を妨害する手口も同じです。

水俣病の原因究明では、有機水銀の疑いが濃厚になると、チッソは、「工場で使用しているのは、無機水銀であり、有機水銀と工場は無関係」と主張しました。日本化学工業会も巻き込んで、有機水銀説に強固に反対しました。

この頃、東京工業大学の清浦雷作教授は、わずか5日の調査で、「有毒アミン説」を主張、戸木田菊次東邦大学教授は現地調査もしないで「腐敗アミン説」を発表して、結果的に世論を混乱させる役割を果たしました。

一方、国は、当時の経済企画庁のもとに「水俣病総合調査研究連絡協議会」を1970年1月設置しますが、研究発表をさせないまま、翌年、協議会は消滅しました。国と加害企業が原因究明をこうして引き伸ばしているあいだに、被害はさらに拡大することになりました。実際、先にもふれたように、新潟で第二の水俣病が発生し

＊7　有明海ノリ不作等第三者委員会
2000年冬に発生した大規模な赤潮が有明海を覆い、ノリの養殖が壊滅的な打撃を受けた。この農水省がノリ不作の原因究明などを目的に設置した委員会。01年12月に、開門調査に関する見解を発表、「干拓事業が引き起こした指摘されている有明海の環境変化の諸事情について、その指摘の適否を検証する」必要があるとし、短期（2カ月程度）、中期（6カ月程度）、長期（数年）の開門調査を提言した。

てしまったのです。

たたかいをやめれば、その時点で負け

水俣病で国側がとったテクニックは、いかに被害者を黙らせるか。手を変え品を変え被害者を黙らせてきた歴史です。逆の立場の私たちから言うと、手を変え品を変え黙らなかった歴史です。

水俣病の歴史をたどってみると、いったん収まった、解決したという場面が何回かありました。しかし、被害者がいる限り紛争は終わらないのです。２０１３年６月、新しくノーモア・ミナマタ第４次訴訟第２陣が提訴されました。水俣病が終わっていないことを象徴しています。

国は、被害者を黙らせれば、紛争は解決すると考えていますから、官僚はいつも同じテクニックできます。いまも、有明海の漁民を黙らせるために国がやっているのは、「再生事業」です。海底に砂をまくとか、海底耕運機で海底を耕す、あるいは、酸素を海水に送り込むなどの事業です。

国は裁判で、有明海に被害は起きていない、干拓事業はもちろん被害とは関係ないと言い続けてきました。被害が起きていないはずの有明海を再生させる必要があると

して「再生事業」の予算を組んでいるのです。再生事業で、漁民が日銭を稼げる、研究者は研究費が入ります。ただしこの再生事業は（私たちは「えせ再生事業」と言っていますが）、干拓事業とは関係がない、漁業被害は干拓事業が原因ではないことを前提としたものです。国の再生事業に協力することは、干拓事業が原因ではないという立場に立つことを意味します。逆に言うと、その立場に立たない限り、お金はもらえないということです。

これが国のテクニックなのです。有明海沿岸の４県の漁連のうち、長崎県漁連は「農水省のおっしゃる通り」という立場です。残る３県でも実にきわどいつばぜり合いがありました。

「国の再生事業を認める」と言ってしまえば、「干拓事業は原因ではない」という立場に立つことになります。すると、個々の漁民が、「干拓事業が原因だ」として裁判を起こすのに対して当然圧力がかかります、漁民つぶしです。長崎の漁民が原告になるのがいかに大変かわかります。

福岡高裁が干拓工事差し止めの仮処分を取り消し、私たちを負けさせたのは、裁判に負ければ漁民は意気消沈して、たたかいは雲散霧消すると見た、と推測しました。それが事実か否かは問題ではありません。想像力、考え方が、裁判では勝敗を分けることにもなるのです。福岡高裁の裁判官がそう判断したのだとしたら、勘違いしている、意気消沈などしていないよ、ということを、私たちは追加提訴で示したわけです。

　100%裁判に勝つ方法は、勝つまでたたかうことです。「ネバー・ギブアップ」。たたかいをやめれば、その時点で負けです。絶対に負けない。それはやめないこと。勝つまでやり続けることです。

　しかし、世の中に通らないことをわけもわからず言ったって勝てるはずがありません。だから事実に基づいた道理で自分たちの要求を組み立てる。ここがいちばん大事なことです。あくまで道理です。道理に導くための具体的な事実を積み上げることです。

　権利とは何か。自分たちの実効支配の実態が社会的に承認されることです。私たちの要求が社会的に承認されない限り、要求は実現しません。あたりまえなことだと私は思っています。それが近代市民法の大原則です。そして現代法の修正を受けたとはいえ、その大原則はいささかも変わっていないのです。

第11章

秘策は国民と共に裁判をたたかうこと

裁判には当然勝つときも負けるときもある。一般に弁護士は、裁判に負けたときの対策は一生懸命考えるが、勝ったときの対応まではなかなか頭がまわらないものだと言う。裁判で勝とうが負けようが、戦線を一気に拡大すること、負けても意気消沈しない対策を準備しておくことが不可欠だという。

また、一つの裁判闘争をそれだけの枠にとどめることなく、原告の枠、地域の枠を超えた全国的なとりくみへと展開していくこと、そのとりくみを法廷の外で積極的に組織していくことが、問題の根本的解決にとってきわめて重要だと、馬奈木弁護士は力説する。

勝っても負けても、方針どおり実行していく

マスコミから「この裁判に負けた場合どうしますか」と質問されることがあります。私は、既定の方針どおりやるだけで、方針の変更はいっさいありません、そう答えることにしています。

勝とうが負けようが、一気に戦線を拡大する。勝てば弾みがつく。しかし、負けたからと言って、戦線拡大にブレーキがかかるわけではありません。問題は、戦線を拡大して運動をどう展開するかです。

一般に弁護士は、裁判で負けた場合の対策を一生懸命考えます。負けたときに、控訴の対策はどうするかとか、脱落者をどう防ぐかなどの対策に一生懸命で、勝ったときにたたかいをどう拡大していくかまで頭がまわらないものです。

しかしそれは、本当は間違いです。実は、勝ったときに、どう運動を展開していくかがいちばん大事なことです。国民的支持をいっせいに取り付ける運動をどう展開するかということです。

たとえ最高裁で勝ったからといって物事が解決するとは限りません。関西水俣病裁判では、最高裁で勝ちましたが、結局、もういっぺん新しい裁判を起こさなければな

りませんでした（105ページ参照）。認定基準で切り捨てられた患者を救うためには、基準を変える必要がありますが、国はウンと言わないからです。国をウンと言わせるだけのたたかいができなかった、ということです。

普通、裁判を起こすときは、勝ちやすさから出発し、勝つための裁判を設定して、勝つための団体づくりをはじめます。しかし、私たちは要求を勝ち取ることを目標にしており、裁判をあくまでも手段と考えています。まず全体目標があって、そのための役に立つ裁判を選ぶ。そうすると裁判は一つである必要はありません。つぎつぎ裁判を起こす。だから、一つ負けても困らないし、意気消沈することもないのです。あくまで、全体の目標を実現する方策を、つぎつぎと実行していくのです。

原告になってもらうために一人ひとり説得

環境訴訟では、被害者に原告になってもらい、一緒にたたかっていく必要があります。水俣病裁判では、漁民一人ひとりを訪ねることからはじめました。

浜辺で網の繕いをしている漁師さんの手元を見ると、どうもおぼつかない。ヤイト（お灸）の跡もある。

「じいちゃん、神経痛が出とらんね？」

「神経痛が出て、治らんとこまっとる」

「いいお医者さんがおるから一回検診受けませんかね」

と、こういう話になるわけです。「水俣病の検診受けなさい」と言うのは、タブーです。そんなことを言ったら絶対受診しません。それも1回、2回勧めてもだめなんです。そういった話を集落ごとにやって、検診を受けてみようという方が出てきます。そうして拠点をつくっていくわけです。

しかし、そう簡単に検診を受けられないのです。水俣病患者がでたらその地域の魚はもう売れませんから。ですから地域ぐるみで、受診するのをつぶしにかかるわけです。そこで、深夜ひそかに検診に行くようにします。

そこまでこぎつけても、気が変わることもある。家族が猛反対して、追い返される。そういうことのくり返しでしたが、一つずつ、海辺の集落をつぶしていきました。

集落では、区長、網元、民生委員の3人を説得できたら、それまでは受診した人が村八分にあったのが、今度は逆に検診に行かなかったら村八分という状況になるわけです。どうしてそうなるのか。結局、網元、区長、民生委員は集落のいわば大ボスたちなのです。大ボスたちが真剣に考えているわけです。寝た子を起こすなと患者を隠していたけれども、隠しても問題は解決しない。このままではじり貧になると。このさい、打って出て集落全体で水俣病になってしまおうと。そのことによって不知火海の浄化をせまろう、と考えたのです。

いちばんはじめに、そんなふうに決断したところの区長や、民生委員、もちろん網元も偉かったと思います。水俣病の裁判で原告が勝利して患者の認定が厳しくなる前でしたから、ここの集落の認定患者がいちばん多いのです。スムーズに認定されています。

たたかう資金をどう集めるか

どうやって資金をつくるかも大きな問題です。実際の戦争でいえば、負ける側というのは、兵站《へいたん》線が延びきった陣営です。物資の補給、食料も武器も途絶えた方が負けます。

笑い話で、水俣病の弁護士たちが、どうしてあんなに活動を続けられるのか、と国側の人間が不思議がったという有名な話があります。とっくに兵站は延びきって、糧道もつきたはずなのによくがんばるねと。

ところが、「よみがえれ！有明」訴訟では、公害等調整委員会で負けた後の５００人の追加提訴のとき、実は手持ち資金がゼロになりました。印紙代がないのです。５００人分の委任状は預かったけれども、印紙が貼れなくて、私は福岡の支援集会のときに思わず泣きました。

こんなにみっともない、情けないことがあるかと。漁民は、苦しい中で、とくに長崎の漁民は苦しい中で自分の生活を捨てて、原告になれば日銭が入らなくなるのを覚悟して、一緒にたたかおうという意思を表明しているのに、金がないとは……。印紙代がないから裁判所に出せないなんてこんな恥ずかしいことがあるかと思いました。

たたかいを大きくしていくうえで、どうやって金をつくるか、これはやはり大きな問題です。これは、ありとあらゆる方法を使って集めるほかないとしか言いようがありません。

ただし、こんな金の集め方は、絶対許してはならないと考えていることがあります。

ある日突然、どこかの弁護団から、金を出してくれと言ってくることがあります。こんなに大切な事件だから、と書いてくるわけです。私はそういう場合、私の事件の説明文をつけて、向こうが請求してきた倍の金額を書いて「これを払ってください」と相手の弁護団に送り返します。タコの足のように共食いをしてはいけません。

大切な事件であればあるほど、金を出さないと悪いような気になって、弁護士は人がいいものですから金を出すのです。こうすれば金が集まるのですが、これはいけないと思っています。やはり運動に協力してくださる方にお願いをします。お金を出すということは共感してくれたということですから、その共感をいかに広げていくかが考えどころです。

100円会員を2000人組織した

私が水俣で活動していた1969〜1975年に、生活費と事務所の運営費をどうやってつくったか紹介してみましょう。

当時、ひと月の予算は、私と事務員の生活費、事務所の運営費で20万円でした。この経費をまかなうために、毎月100円出してくださる会員を2000人組織しました。

しかし、2000人が黙って毎月100円をきっちり払ってくれるかといったら、そうはいきません。2000人の方から毎月100円をどう確保するか。苦労がありますが、ここは運動を広げるいちばん大きな点だと思ってがんばりました。この1000円を払い続けていただいた方々には大変感謝しています。

もう一つは、いわゆる頼母子講《たのもしこう》*1のようなものをつくっていました。掛け金をもとにした一種の庶民の互助組織です。

たとえば、水俣病の弁護団で、私たちがもらった弁護士報酬から基金を残します。

*1 頼母子講
「無尽（むじん）」ともいう。金融組合の一種。町内会や商店会などの組織に加盟しているメンバーが一定額の金品を積み立て、組織内で運用する。

その基金をつぎの事件の弁護団に払ってあげる。次の事件の弁護団は、前の人に返すのでは意味がないですから、後の人のために基金をつくってやる、という方式です。潤沢というと語弊がありますが、この基金をもとに、私のかかわった弁護団の活動に金を出してきました。

地域のたたかいを全国のたたかいに

私たちは自分の事務所を「地域事務所」と呼んでいます。地域に発生する日常生活上のさまざまな問題を、住民のみなさんと一緒に協力・共同して解決していこう、地域のことは地域の力で決定し、問題が起これば解決していこう、という心意気なのです。私たち法律を学ぶことができた者は、法律の知識を、地域住民のみなさんの要望に応えて、日常生活を守り育てる力として生かしていく義務があると考えております。

地域の問題といっても、それが国民にとって普遍的な意味をもつ課題であれば、一つの地域にとどまらず、全国各地でも同様な問題が生じているはずです。また、それが切実な課題であればあるほど、各地域でのとりくみだけでは根本的な解決はできず、地域の枠を超えて、広く連帯した全国的とりくみへと展開していく必要があります。そのとりくみを目的意識的に、積極的に組織していくことが、問題の根本的解決にとってきわめて重要なのです。

私がこのように考えはじめたのは、三池闘争から学んだ大切な教訓でした。誤解を恐れずに言えば、一炭鉱のたたかいを、「総資本対総労働」という構図にまで展開し、日本中のたたかいに発展させた運動の力に目を開かれる思いがしました。その後、私自身が水俣病のたたかいにとりくむようになり、水俣病被害者のたたかいを、いかに日本国民の課題として展開するかを、最重要な戦略目標として考え続けることになりました。

最初は及び腰の普通の人間が、この点だけは許せないとの思いに駆られて立ち上がると、おなじ思いの人がその人を支え、結集してたたかいがはじまっていきます。少しずつたたかいの輪が広がり、やがて裁判になります。原告団、弁護団が組織され、弁護団と協力して、支援組織がつくられます。そして原告団、弁護団、支援組織は、たたかいの中で、互いに作用し合い鍛えられ、強力な組織に変わっていくものだと考えています。

ですから、裁判でたたかうときは、その課題の切実さ、国民的な重要さと同時に、そのたたかいが各方面に広がっていく可能性について、よく検討する必要がある、と私は考えています。これらの点が実際の裁判闘争を評価する際の重要な視点だと思うからです。

この道はいつかきた道

馬奈木昭雄

私たち公害にとりくんできた弁護士にとって、2013年3月11日の福島原発事故は痛恨の極みでした。テレビで爆発を見た私は、なぜこの爆発を止めることができなかったのか、なぜ本気で原発を日本からなくそうというとりくみをしてこなかったのか、無念の思いがこみ上げてきました。そして、日本から原発をなくすたたかいの切実さを痛感しました。

福島原発のような事故を2度と起こしてはならない、その実現のために九州では、九州電力の玄海原発、川内原発の差し止め訴訟を1万人の原告を組織してたたかい、その活動を全国に展開し、「原発の操業を許さない」という国民世論を形成していこうというとりくみを開始しました（「原発なくそう！九州玄海訴訟」2012年1月提訴）。

私たちは、公害闘争の経験から原発の危険性を十分に理解しています。その危険性をごまかす国と加害企業のこれまでのだましのテクニックも知っています。

国・加害企業は、水俣病のような重大な被害が発生すると、その原因究明を徹底して妨害し、できる限り、原因を隠ぺいしようとしてきました。被害の実態についても同様です。できうる限り被害の全体が明らかになるのを妨げ、被害の実態を隠し、被害を小さく見せようとしました。そのため、水俣病は、公式発見とされる1956年以降すでに50年が経過していますが、まだ被害者は発生し続け、被害の全容は明らかになっていません。また原因不明ということで、チッソとその同業者は従来どおりの操業を続けた結果、新潟で第2の水俣病が発生してしまいました。

いま、福島原発が、まったくおなじ道をたどっています。国・東電が現在行なっていることは、私たち水俣病にとりくんでいる者にとっては、すでに見た光景なのです。

これまで原発に関する多くの訴訟で、原発の危険性は指摘され、操業の差し止めが求められてきました。しかし、裁判所は「原発は安全なのだ」という国、企業のいわゆる安全神話を無条件に支持し、その操業を許してきました。福島原発もそうでした。裁判所は、各地の原発に対し、原発事故など起きるはずがない、安全な施設だというお墨付きを与えたはずです。

私たちは、原発事故がなぜ起きたのか、裁判所の考えを問い、法廷では、二度とこのような誤った判断が示されるような審理や訴訟の進行をくり返してはならないと決意しています。

その立場から強調しておきたいのは、いわゆる「安全神話」や「想定外」という言葉が、原発においてだけばらまかれたわけではないということです。国民が被害を受けている公害、労災の問題でもまったく同様に、「安全神話」がまかり通ってきたのです。

たとえば、原発の再稼働を許していいかと問われたとき、原発だけでなく、他の分野の危険な施設を建設する場合でも、国企業の答えは決まっています。すなわち、安全だと考えられる基準をつくってその基準を満たせば、それは安全な施設であり、再稼働や建設は認めなければならない、と例外なく答えます。

安全とは、国がつくった基準を守ることだという考えです。日本の裁判所もそう考えて国の基準が当然に正しいという前提に無条件に立って、その基準に適合しているか否かを判断しているのだと思います。しかし水俣病をはじめとする公害被害は、この考えが根本から間違っているということを証明しています。

第2章でも紹介しましたが、水俣病は、加害企業チッソが、国の基準に違反した操業をした結果、現在判明しているだけでも8万人を超える被害を発生させたわけではありません。水俣病の原因となった排水は、当時の排水基準を守っていました。けっして、国が「流してはいけない」と定めていた排水を違法に流していたのではありません。

それどころか、チッソの排水は、当時の飲料水の国の基準にも合致していました。チッソの排水は飲料水として使用可能なほど「きれいな水」だったのです。おなじことは九州のもう一つの大きな公害事件、カネミ油症事件でもくり返されています。カネミ油症事件の原因物質PCBが混入した油は、国の食品安全基準に違反して販売されたのではありません。

そして被害が発生すると、国と加害企業であるカネミ倉庫は、被害が発生するなど「まったく想定できなかった」と平然と主張したのです。日本で発生したほかの公害事件でもおなじです。国の基準に違反した操業によって被害が発生したのであれば、すぐに操業を止めることは可能です。しかし、表面上は国の基準に違反してないないから、国も企業も操業を止めようとせず、被害は拡大し続けました。これがこれまでの公害裁判でくり返された歴史なのです。

カネミ油症事件では、私たちは最初、国の責任を「食品の安全の調査義務違反」と考えました。しかし、それが誤りだと気づき、危険性がわかりきっているＰＣＢの使用を許可したこと自体が悪いと主張を変えました。私たちの主張変更後、国はＰＣＢの全面使用禁止に踏み切り、日本全国でＰＣＢは使用できなくなりました。

原発も全面的に操業を止めるべきなのは自明です。原発はひとたび、事故を起こせば、回復不可能な被害をもたらすことが実証されてしまいました。福島県の広大な居住地や農地、山林が汚染され、国土として使用することが半永久的に不可能となっています。故郷を奪われ、生活を奪われ、各地に離散した多くの人々が、現状回復を求めていますが、その願いは、いったいいつかなえられるのでしょうか。失われた国土はいつ回復できるのでしょうか。国、加害企業は、それを実現する決意などまったく持っていない対応です。

福島原発事故は、日本の誤った原発政策の推進の結果として起こるべくして起こった事故であり、それは日本国内すべての原発においてもまったく同様に起こりうることを法廷でも明らかにしたいと考えています。

私は、原発事故を完全になくすことは不可能に決まっていると思っています。たとえば、ごく身近な例として、私は遊覧飛行を営業している会社の事件にかかわっていますが、テロリストがその遊覧飛行の客を装い、飛行中にヘリコプターを占拠して、爆薬を多量に持って玄海原発に突入を命じて重要な施設を爆破するなど、きわめて容易に実行できると確信しています。「原子炉」自体の強度をいかに強化したとしても、外の部分の爆破の防止はきわめて困難だと思います。

しかし、それ以上に私たちが考えなければならないのは、原発が爆発事故を起こすか否かを論ずる以前に、「原子力ムラ」と称される利権構造が確立され、原発を立地している地域を支配し、多くの利潤を上げ続けていることです。私たちはこのような原発やそれを取り巻くこの利権構造が存在すること自体が、地域の民主主義を破壊し、住民の自由な意思決定にもとづいた生活を困難にし、人格権を侵害していると考えています。福島原発事故の悲劇を2度と繰り返さないために取るべき道はただ一つだと確信しています。原発をなくすことです。私は法廷の審理でそのことを明らかにしたいと考えています。

「国の基準を守れば安全だ」という論理は福島原発事故によって完全に破たんしています。国の基準を守れば安全だという考え方を支持し、それに従って原発を容認した判決も同様に破たんしています。真に私たちの生命を守るためには、国はどうあるべきなのか、裁判所には、従来の裁判例にとらわれない審理が求められているということを強調するつもりです。

さらに、日本国憲法を変えようとするたくらみが進行しつつあるいま、国民の権利をしっかりとにぎりしめ、日常の普通の生活をまもっていく私たち一人ひとりの現場のとりくみを強め、その力を全国へ展開していくことが、何よりも憲法をまもる力として必要なのだと確信しています。

このような私の思いにもとづくこれまでのとりくみを、松橋隆司さんの大変な努力によって、一冊の本にまとめてもらうことができました。大変ありがたく、心から感謝しております。

今後も、公害の被害者を救うためのたたかい、さらに福島原発事故の被害救済と地域の原状回復、原発を日本からなくすたたかいに微力とはいえ、一生懸命とりくんでいきたいと思っています。

あらためて、本書の出版にご努力いただいた多くのみなさまに心からお礼を申しあげます。

２０１４年８月

あとがきにかえて

馬奈木昭雄さんの手指が震えている。「水俣病に間違いない」。多数の患者を診てきた藤野糺医師にそう言われたという。水俣入りして1年で、毛髪水銀値は、水俣病の認定患者のひとりと同等になっていた。

不知火海沿岸の被害漁民に話を聞くには酒と魚がつきものだった。「先生、もう食べんほうがよかと」。よく言われたと笑い飛ばす。

馬奈木さんの話には、水俣病などの被害者救済のために、人生をかけてたたかってきたドラマがある。そこから生まれた馬奈木さんのものの考え方や率直な物言いに共感や感動もあるであろう。あるいは、地元・久留米出身の松田聖子さんのファンであったり、「チャングムの誓い」から「馬医」までほとんどの韓流ドラマにはまっていたり、ボクシングにもくわしい。そんな「普通のおっさん」と変わらない話も展開される。だから、講演は親しみやすくおもしろい。聴衆はたたかう勇気をもらって帰っていく。聴衆だけの話にとどめておくのはもったいないと思ったのが、本書を刊行する動機になった。

幸い、多くの講演の中で記録が残されているものがある。本書では、司法修習生へ向けた講演録を骨格に、水俣病をはじめ、じん肺裁判、諫早湾干拓問題などの講演録や、原発事故に関する裁判の陳述を再構成し、さらに馬奈木さんの加筆や筆者の聞き書きを加えて、編集したものである。

「私は裁判に負けない。なぜなら勝つまでたたかい続けるから」。馬奈木さんはそう言って、「最後の一人が救済されるまで」を目標に、いまもたたかい続けている。

その生きざまやたたかいは、公害や環境破壊、大型道路や大型ダムなど公共事業の被害者、そして現に裁判をたたかっている人、たたかおうとしている人、司法に携わる職を志す人、そして一般読者のきっと参考になるだろう。

本書は、合同出版の上野良治社長をはじめ、山林早良さん、大村晶子さんの熱意なしには刊行できなかった。本書の刊行にあたりご協力くださったみなさまに心から感謝申し上げる。

松橋隆司

2014年8月

関連年表

1906年（明治39年）	1月	野口遵、曾木電気設立（後のチッソ、旭化成、積水工業など）
1908年（明治41年）	8月	日本窒素肥料設立（1965年にチッソに社名変更）
1929年（昭和4年）から		野口、朝鮮へ進出（発電所や肥料工場建設）
1932年（昭和7年）から		水俣工場でアセトアルデヒドの生産開始
1942年（昭和17年）	3月	馬奈木、台湾で生まれる
1952年（昭和27年）	10月	西岡長崎県知事が諫早湾を閉め切る大干拓構想を発表
1956年（昭和31年）	5月	水俣病公式確認（チッソ付属病院が保健所へ患者発生報告）
1963年（昭和38年）	11月	三井三池三川炭鉱炭じん爆発、死者458人
1964年（昭和39年）	4月	長崎大干拓構想は、長崎干拓事業として着工認められる
1965年（昭和40年）	2月 6月	諫早湾内12漁協が長崎干拓反対で実行委員会結成 山野鉱業山野炭鉱でガス爆発、死者237人
1966年（昭和41年）	3月	馬奈木、九州大学法学部卒業。この年に司法試験合格
1967年（昭和42年）	6月	新潟水俣病訴訟提訴
1968年（昭和43年）	3月 9月 夏	イタイイタイ病訴訟提訴 政府が水俣病を公害認定 西日本を中心にライスオイルによるカネミ油症事件発生
1969年（昭和44年）	4月 6月	馬奈木、福岡第一法律事務所へ入所 水俣病第1次訴訟提訴

1970年（昭和45年）	1月	減反政策がはじまり、長崎干拓事業打ち切りに
	10月	干拓問題は長崎南部地域総合開発事業（南総）として再発足
	12月	馬奈木、水俣市に移住、事務所を開設
1971年（昭和46年）	9月	新潟水俣病訴訟判決（原告勝訴）
1973年（昭和48年）	1月	水俣病第2次訴訟提訴（未認定患者に対する損害賠償請求）
	3月	水俣病第1次訴訟判決（原告勝訴）
1974年（昭和49年）	3月	馬奈木、福岡第一法律事務所に戻る
	9月	公害健康被害補償法施行
1975年（昭和50年）	2月	熊本県牛深し処理場建設差し止め判決（原告勝訴）
	6月	馬奈木、久留米第一法律事務所を開所
1976年（昭和51年）	10月	久留米大学労組幹部懲戒処分の無効仮処分決定
1977年（昭和52年）	2月	福岡、佐賀、熊本の3県漁連が南総絶対反対期成会結成
1978年（昭和53年）	9月	筑後大堰建設差し止め訴訟提訴
	6月	山野炭鉱ガス爆発事故で、三井鉱山を相手に提訴
	12月	遠州じん肺集団訴訟提訴（じん肺関係初の訴訟）
1979年（昭和54年）	1月	九州予防接種禍訴訟提訴（馬奈木弁護団長）
	3月	水俣病第2次訴訟1審判決（原告勝訴）
	11月	長崎北松じん肺訴訟提訴
1980年（昭和55年）	1月	牛島税理士訴訟提訴
	5月	水俣病第3次訴訟提訴（国も被告に）
1981年（昭和56年）	3月	諫早湾内10漁協が埋め立て同意（年内に残り2漁協も同意）

1982年（昭和57年）	7月 12月	長崎大水害（死者299人） 金子農水相が南総打ち切りを言明。干拓は防災目的に変更
1985年（昭和60年）	3月 8月 12月	長崎北松じん肺訴訟一審判決（原告勝訴） 水俣病第2次訴訟控訴審判決（原告勝訴） 筑豊じん肺訴訟提訴（国も被告に）
1986年（昭和61年）	2月 9月 12月	牛島税理士訴訟一審判決（原告勝訴） 諫早湾内12漁協が漁業補償協定調印 北海道じん肺訴訟提訴
1987年（昭和62年）	3月 4月	水俣病第3次訴訟第1陣一審判決（国・県の責任認定） 三井三池炭塵爆発事故訴訟が和解
1989年（平成元年）	3月 4月 11月	長崎北松じん肺訴訟二審判決（原告一部敗訴） 九州予防接種禍訴訟一審判決（原告勝訴） 諫早湾干拓事業着工
1991年（平成3年）	10月	筑豊じん肺訴訟弁護団長（松本洋一氏の死去に伴い）
1992年（平成4年）	4月 10月	牛島税理士訴訟二審判決（原告逆転敗訴） 諫早湾干拓事業は潮受け堤防着工。タイラギ大量斃死被害
1993年（平成5年）	1月 3月 6月 9月 12月	水俣病訴訟第3次訴訟第1陣で、友納裁判長が和解案 水俣病第3次訴訟第2陣一審判決（国・県の責任に認定） 農水省がタイラギ斃死で調査委員会設置。以降タイラギ休漁 九州予防接種禍訴訟二審判決（原告勝訴） 三井三池じん肺訴訟提訴
1994年（平成6年）	2月	長崎北松じん肺訴訟最高裁判決（企業責任確定）

1995年（平成7年）	7月	筑豊じん肺訴訟一審判決（原告国敗訴、企業に勝訴）
	9月	長崎北松じん肺訴訟差し戻し審判決（原告勝訴）
	12月	水俣病政治決
1996年（平成8年）	3月	牛島税理士訴訟最高裁判決（原告逆転勝訴）
	6月	諫早湾自然の権利訴訟（ムツゴロウ裁判）長崎地裁に提訴
1997年（平成9年）	2月	筑豊じん肺訴訟、古河機械金属と和解成立
	3月	牛島税理士訴訟差し戻し審（和解成立）
	4月	潮受け堤防の最後の区間を閉め切る（「ギロチン」といわれる）
	同月	筑豊じん肺訴訟、三菱マテリアと和解成立
1998年（平成10年）	2月	筑豊じん肺訴訟、住友石炭鉱業と和解成立
2000年（平成12年）	3月	鹿児島県鹿屋市の管理型産業処分場建設差し止め処分決定
	12月	有明海でケイソウ赤潮大発生、ノリ色落ち大不作へ
2001年（平成13年）	1月	有明海沿岸4県漁民1000人が200隻で海上デモ（1日）
		福岡、佐賀、熊本の3県漁連が1300隻で海上デモ（28日）
	2月	農水省が「ノリ不作等対策関係調査委員会」（第三者委）設置
	5月	PCBを2028年までに全廃する国際条約に調印
	6月	同条約の調印を受けPCB処理特別措置法制定
	7月	筑豊じん肺訴訟2審判決（国・企業の責任認め原告勝訴）
	12月	ノリ第三者委員会が短期・中期・長期の開門調査提言
2002年（平成14年）	4月	農水省が短期開門調査実施
	8月	筑豊じん肺など6訴訟で、三井鉱山、三井石炭鉱業と和解
	11月	有明海特別措置法案が漁民の反対の声を押し切って成立
		「よみがえれ！有明」訴訟（干拓工事差し止め求め）提訴（26日）

2003年（平成15年）	3月	農水省が、官僚ＯＢからなる中・長期検討委員会を設置
	4月	有明海沿岸漁民が、公害等調整委員会に裁定申請
	11月	農水省が短期開門調査の報告書発表
	12月	中・長期開門調査検討委が、開門調査に否定的な報告を発表
2004年（平成16年）	4月	馬奈木、久留米大学法科大学院の実務教員に。7年間指導 筑豊じん肺訴訟最高裁判決（国の規制不行使認定）（27日）
	5月	亀井農水相が中長期開門調査の見送り表明（11日） 3県漁連、開門調査求め総決起集会（24日）
	8月	佐賀地裁が、干拓工事の差し止めを認める仮処分を決定
	9月	国の『油症治療研究班』がダイオキシンを検査項目に指定
	10月	水俣病関西訴訟判決（国と県の行政責任確定）
	12月	中国残留孤児福岡訴訟提訴
2005年（平成17年）	2月	農水省、福岡高裁に仮処分の執行停止を申請
	3月	諫早湾自然の権利訴訟（佐賀地裁は原告適格認めず却下）
	5月	福岡高裁、干拓工事差し止め仮処分を取り消す
	7月	「よみがえれ！有明」訴訟で追加提訴。原告団は2千人に
	8月	公調委、干拓と被害の因果関係の原因裁定申請を棄却
2006年（平成18年）	6月	「市民版時のアセス」で干拓事業の費用対効果0・1と指摘
2007年（平成19年）	4月	諫早湾閉め切り10年。干潟を守る日諫早全国集会
	11月	農水省が干拓事業「完工式」。漁民・市民が抗議行動（20日） 帰国者支援法の改正案成立。関連訴訟順次終結へ（28日）
2008年（平成20年）	6月	長崎地裁判決（「5年間常時開門調査」を命じる）
	11月	「よみがえれ！有明」訴訟弁護団、韓国の水環境大賞受賞

2010年（平成22年）	12月	5年間常時開門調査を命じた一審判決を福岡高裁も支持 政府が同判決上告せず、「5年間常時開門調査」が確定
2011年（平成23年）	3月	ノーモア・ミナマタ国賠訴訟和解
	6月	潮受堤防即時開門を求めた訴訟で長崎地裁判決（原告敗訴）
	9月	国会議員の親族企業、干拓地入植植疑惑で県議会に百条委
2012年（平成24年）	1月	玄海原発運転差し止め訴訟提訴
2013年（平成25年）	3月	患者らがカネミ倉庫に損害賠償を求めた訴訟判決（請求棄却）
	4月	肺がん治療薬「イレッサ」訴訟最高裁判決（原告敗訴） 水俣病訴訟最高裁判決（認定基準で原告勝訴）（16日）
	6月	ノーモア・ミナマタ訴訟第2陣提訴
	11月	長崎地裁が開門差し止め仮処分を認める決定
	12月	国は開門期限の20日が過ぎても開門せず 「よみがえれ！有明」訴訟弁護団、佐賀地裁に1日1億円の間接強制を申し立て
2014年（平成26年）	1月	国は佐賀地裁に間接強制の請求異議訴訟提訴と執行停止を請求
	2月	水俣病患者会が県に認定基準改正を国に要請するよう申し入れ
	4月	佐賀地裁が間接強制を認め、原告に1日49万円の違約金を決定
	6月	長崎地裁が同4日、開門した場合1日49万円の違約金を認める 福岡高裁は同6日、佐賀地裁決定を支持、最高裁への国の許可抗告を認める。同12日から1日49万円の支払いが開始された

■馬奈木 昭雄（まなぎ・あきお）

1942年台湾生まれ。1966年九州大学法学部卒業、同年司法試験合格。1969年福岡第一法律事務所入所以来、公害などの被害者救済のたたかいを続けている。水俣病訴訟をはじめ、筑豊じん肺訴訟、「よみがえれ！ 有明」訴訟、予防接種禍訴訟、残留孤児訴訟、電磁波訴訟，ゴミ処分場反対運動、玄海原発運転差し止め訴訟など数々の訴訟の弁護団長などを歴任。被害者救済の先頭に立ってきた。元久留米大学大学院教授（訴訟実務・環境訴訟）、元九州大学大学院法学研究科講師。

主な著書

『公害・環境と人権』（共著・岩崎書店）、『たたかい続けるということ』（聞き書き　阪口由美・西日本新聞社）、「水俣病訴訟」法の科学1号（1973年）など。
その他、「法律時報」、「法学セミナー」などに論文がある。

【編著者】

松橋 隆司（まつはし・りゅうじ）

1940年東京生まれ。ジャーナリスト。横浜市立大学（生物科、後に数学科）卒。
元「しんぶん赤旗」科学部長、同編集委員。元「東京民報」記者。原発問題で日本ジャーナリスト会議奨励賞（第24回）受賞。2000年から諫早湾干拓の公共事業問題や「有明海異変」など海洋環境悪化の問題にとりくむ。

主な著書

『宝の海を取り戻せ――諫早湾干拓と有明海の未来』（新日本出版）など。

弁護士馬奈木昭雄

私たちは絶対に負けない
なぜなら、勝つまでたたかい続けるから

2014年9月5日　第1刷発行

著　者　　松橋　隆司
発行者　　上野　良治
発行所　　合同出版株式会社
　　　　　東京都千代田区神田神保町1-44
　　　　　郵便番号　101-0051
　　　　　電　　話　03（3294）3506
　　　　　ＦＡＸ　03（3294）3509
　　　　　振　　替　00180-9-65422
　　　　　ホームページ　http://www.godo-shuppan.co.jp/
印刷・製本　新灯印刷株式会社

■刊行図書リストを無料送呈いたします。
■落丁乱丁の際はお取り換えいたします。

ISBN978-4-7726-1130-5　NDC327　188 × 130